Mikroelektronik und Gesellschaft

von

Manfred Hütter
Eberhard Jobst
Ehrenfried Lohr†
Michael Nier

Akademie-Verlag · Berlin
1984

In zwangloser Folge werden in dieser Form Arbeiten publiziert, die aktuelle Fragen des wissenschaftlich-technischen Fortschritts vornehmlich aus dem komplexen Wissenschaftsgebiet Mikroelektronik im weitesten Sinne behandeln.

Dabei ist schwerpunktmäßig zunächst an folgende Gebiete gedacht:

- Naturwissenschaftlich-technische Grundlagen, Wirkprinzipien, Werkstoffe und Technologie elektronischer Bauelemente und mikroelektronische Schaltkreise einschließlich Optoelektronik, Mikroakustik u. a.

- Entwurf mikroelektronischer Schaltungen,

- Anwendung der Mikroelektronik in produzierenden und nichtproduzierenden Bereichen der gesellschaftlichen Praxis, Mikroprozessortechnik, Hard- und Software von Mikrorechnern und Mikrorechnersystemen, einschließlich ihrer Peripherie sowie unter Beachtung der Sensoren-, Aktoren- und Displayproblematik.

Die einzelnen Bände sind jeweils einem Thema gewidmet.

Herausgeber dieser Bände ist Prof. Dr. rer. nat. habil. Helmut Günther Schneider, Karl-Marx-Stadt.

Der Herausgeber nimmt gern Anregungen für die Weitergestaltung der Bände entgegen. Entsprechende Hinweise werden an den Akademie-Verlag oder direkt an den Herausgeber erbeten.

Mikroelektronik und Gesellschaft

von

Manfred Hütter
Eberhard Jobst
Ehrenfried Lohr†
Michael Nier

Akademie-Verlag · Berlin
1984

Verfasser:

Dr. phil. Manfred Hütter
Prof. Dr. sc. phil. Eberhard Jobst
Dr. phil. Ehrenfried Lohr †
Dr. sc. phil. Michael Nier

Technische Hochschule Karl-Marx-Stadt
Sektion Marxismus - Leninismus

Dieser Titel wurde von den Originalmanuskripten der Autoren reproduziert.

Erschienen im Akademie-Verlag, DDR-1086 Berlin,
Leipziger Straße 3-4

Lizenznummer: 202 . 100/433/84
Printed in the German Democratic Republic
Gesamtherstellung: VEB Kongreß- und Werbedruck,
9273 Oberlungwitz
Lektor: Dipl-Phys, Ursula Heilmann
Broschurumschlag: Willi Bellert
LSV 3505/0155
Bestellnummer: 763 188 9 (6743)
DDR 16,- M

Inhaltsverzeichnis

Vorwort

Es gehört zu den Grundpositionen unserer dialektisch-materialistischen Weltanschauung, auch die Entwicklungsprozesse in Wissenschaft und Technik in ihrer objektiven gesellschaftlichen Bedingtheit zu erfassen. Das gilt ohne Einschränkung und vielleicht sogar ganz besonders für die Entwicklung und Anwendung der Mikroelektronik. Sie ist bekanntlich ja wesentliches Moment jener gewaltigen neuen Produktivkräfte, die, wie es Erich Honecker im Bericht an den X. Parteitag der SED hervorhebt, der Sozialismus zum Wohle des Volkes zu meistern vermag. [1] Die Mikroelektronik ist für die Gestaltung solch entscheidender Prozesse der materiell-technischen Basis unserer entwickelten sozialistischen Gesellschaft, wie z.B. die Entwicklung flexibler Automatisierungslösungen unter Einsatz von Industrierobotern oder die Einführung energie- und rohstoffsparender Verfahren, von grundsätzlicher Bedeutung. Sie greift daher tief verändernd in den grundlegenden Bereich menschlicher Existenz, die Produktion, ein. Dabei revolutioniert sie aber nicht nur die technischen Mittel und Prozesse, sondern sie beeinflußt auch zunehmend und oft weitreichend die Arbeitsinhalte, die Beziehung von Mensch und Technik, den Lehr- und Lernprozeß, die Denk- und Arbeitsweise der Wissenschaftler und Ingenieure, die Informationsprozesse, die Massenkommunikation und viele andere Gebiete unseres Lebens.
Wie alles einschneidend Neue im gesellschaftlichen Entwicklungsprozeß wirft auch die Mikroelektronik und ganz besonders ihre stürmisch voranschreitende Anwendung Probleme auf, die sozial gemeistert und weltanschaulich gelöst sein wollen. Und das um so mehr, als die diametral entgegengesetzten gesellschaftlichen Verhältnisse im Sozialismus und Kapitalismus auch kontroverse weltanschauliche und ideologische Positionen zur sozialen und geistigen Bewältigung der Mikroelektronik bedingen. Mit vorliegender Schrift wollen wir daher versuchen, aus der Sicht unserer marxistisch-leninistischen Weltanschauung auf einige dieser Fragen Antwort zu geben. Wir sind uns natürlich der Tatsache bewußt, nicht alle wichtigen Fragen behandelt und nicht mit jeder Antwort schon eine allseitig befriedigende Lösung gefunden zu haben.

---

1) Vgl.: Honecker, E.: Bericht des Zentralkomitees der Sozialistischen Einheitspartei Deutschlands an den X. Parteitag der SED, Berlin 1981, S. 50

Dennoch hoffen wir, all denen, die mit der Entwicklung und Anwendung der Mikroelektronik befaßt sind bzw. sich für diese Probleme interessieren, einige Anregungen zu geben, welche zum Nachdenken und vor allem zur Diskussion sowie zum wissenschaftlichen Meinungsstreit herausfordern. Unsere Überlegungen sind als Auffassungen von Philosophen zu werten, die sich bemühten, die vielen Gedanken unserer Diskussionspartner aus den Natur- und Technikwissenschaften zu diesem Problemkomplex aufzugreifen und zu verarbeiten.
Nicht zuletzt ist es uns ein ganz besonderes Bedürfnis, mit dieser Abhandlung das Andenken an Herrn Dr. phil. Ehrenfried Lohr zu ehren, den der Tod mitten aus der Arbeit am durch ihn wesentlich initiierten Vorhaben riß. Wir haben uns bemüht, in seinem Sinne die Arbeit fortzusetzen.

H. G. Schneider E. Jobst

Kapitel 1

MIKROELEKTRONIK - TECHNISCHER UND SOZIALER FORTSCHRITT

Es ist eine Grunderkenntnis unserer wissenschaftlichen Weltanschauung, daß Fortschritte in allen Bereichen des gesellschaftlichen Lebens unmittelbar von der Höherentwicklung der materiell-technischen Basis des Sozialismus abhängen. Marx verwies darauf, daß die Entwicklung der Produktivkräfte und Produktionsbedingungen "allein die reale Basis einer höheren Gesellschaftsform bilden können, deren Grundprinzip die volle und breite Entwicklung jedes Individuums ist". [1)]

Die führende Partei unseres Landes hat darum den Fragen des wissenschaftlich-technischen Fortschritts und der wissenschaftlich-technischen Revolution als entscheidenden Faktoren der Produktivkraft-Entwicklung seit langem herausragende Bedeutung beigemessen. Der wissenschaftlich-technische Fortschritt wird charakterisiert als "der Schlüssel zu hoher volkswirtschaftlicher Dynamik". [2)] Ohne die Bewältigung dieses Prozesses wäre die Realisierung der Hauptaufgabe, d.h. die Verwirklichung des Sinns des Sozialismus, nicht möglich. Der wissenschaftlich-technische Fortschritt ist ein Glied jenes gesetzmäßigen Prozesses, der zum Kommunismus führen wird, wie umgekehrt der wissenschaftlich-technische Fortschritt den Sozialismus braucht, damit seine humanistische Zwecksetzung gesichert werden kann.

Dennoch reichen diese Überlegungen noch nicht aus, um die exponierte Stellung des wissenschaftlich-technischen Fortschritts und hier wiederum besonders die der Mikroelektronik für den gesamtgesellschaftlichen Fortschritt unter den heutigen Bedingungen zu verstehen. Es muß mit Nachdruck betont werden, daß wir gegenwärtig eine Entwicklungsetappe durchlaufen, "in welcher die Abhängigkeit des gesellschaftlichen Fortschritts von der ökonomischen Leistungsentwicklung und dieser von der Effektivität der Wissenschaft und Technik eine neue Qualität annehmen". [3)]

---

1) Marx, K.: Das Kapital, Bd. 1, in: MEW, Berlin 1964, Bd. 23, S. 618

2) Honecker, E.: Bericht des Zentralkomitees der SED an den X. Parteitag, Berlin 1981, S. 74

3) Scheler, W.: Wissenschaft - Technik - Ökonomie, in: Einheit, Heft 1/1981, S. 13

Darum wird in den zehn Punkten unserer ökonomischen Strategie, wie sie vom X. Parteitag der SED dargelegt worden sind, die wissenschaftlich-technische Revolution als Hauptreserve unseres Wirtschaftswachstums bezeichnet. Alle ihre Möglichkeiten für Leistungs- und Effektivitätszuwachs auszuschöpfen, hierfür einen neuen Schritt in der Verbindung der Vorzüge des Sozialismus mit der wissenschaftlich-technischen Revolution zu tun und dabei Anstrengungen über das übliche Maß hinaus aufzubieten - all das ist der Erkenntnis geschuldet, daß sich Wirtschaftswachstum heute nicht mehr in der gleichen Weise wie in früheren Etappen realisieren läßt.

Früher erreichten wir wirtschaftliche Wachstumsraten vor allem durch den Zustrom von Arbeitskräften in die Industrie sowie durch höheren Einsatz von Material und Energie, also durch extensiv erweiterte Reproduktion. Heute müssen wir mit dem gegebenen Arbeitskräftepotential auskommen, ja ab 1985 werden uns absolut weniger Arbeitskräfte zur Verfügung stehen, und die Talsohle wird erst 1991 erreicht sein. Des weiteren ist bekannt, wie die Preise für Rohstoffe und Energieträger in die Höhe gegangen sind, die wir in hohem Maße importieren müssen. Wir sind vor die Aufgabe gestellt, die geplanten Zuwachsraten ohne ein Mehr an Roh- und Brennstoffen und teilweise mit einem absolut geringerem Einsatz zu erwirtschaften. All das zwingt uns zum Übergang zur vorwiegend intensiven Reproduktion, zum Ausnutzen qualitativer Wachstumsfaktoren und hier besonders von Wissenschaft und Technik. Wir brauchen technisch-technologische Lösungen, um mit dem spezifischen Einsatz unserer Ressourcen mehr Erzeugnisse zu produzieren.

Hinzu kommt eine Reihe weiterer Momente: Zum einen vollzieht sich die Entwicklung von Wissenschaft und Technik - und das gilt besonders für die Mikroelektronik und Industrierobotertechnik - im Weltmaßstab in bisher nicht gekanntem Tempo. Zum anderen sehen wir uns gegenwärtig einem umfassenden Konfrontationskurs der aggressivsten Kreise des Imperialismus, besonders in den USA, ausgesetzt. In diesem zwar aussichtslosen, aber dennoch praktizierten Streben, den Sozialismus zu destabilisieren - wohl wissend, daß ihnen hierfür immer mehr die Zeit wegläuft - sind sie u.a. auch zur Entfesselung eines regelrechten Wirtschaftskrieges übergegangen. Das wird nicht nur sichtbar an der USA-Embargo-Politik, sondern zeigt sich auch darin, daß kapitalistische Länder Waren aus unserem Land mit Schutzzoll belegen, Aufträge stornieren oder Schritt um Schritt reduzieren, Zulieferungen einstellen oder verzögern, Kredite verweigern oder Zinsen in die Höhe treiben u.a.m. Unter diesen Bedingungen unsere Position auf dem Weltmarkt zu behaupten und noch zu erweiteren, zwingt uns, die Effektivität der gesellschaftlichen Arbeit beträchtlich zu erhöhen und besonders die Arbeitsproduktivität über das übliche Maß hinaus zu steigern. Dabei geht es uns nicht um die Verwirklichung "ehrgeiziger Ziele", wie unser Gegner, die eigenen krisenhaften Wirtschaftszustände vor Augen, unseren steten Kurs auf Wirtschaftswachstum zu interpretieren sucht. Es geht um die Sicherung eines normalen Entwicklungstempos für unser Land und gerade hierfür sind angesichts der veränderten inneren und äußeren Reproduktionsbedingungen über das Normale hinausreichende Anstrengungen erforderlich. Das ist nicht nur wichtig, um das erreichte Lebensniveau zu sichern und unser sozialpolitisches Programm weiterzuführen, sondern erweist sich auf Grund der zugespitzten internationalen Lage als eine entscheidende Voraussetzung für die Sicherung des Friedens, als ein ganz wichtiger Beitrag, die Frage "Wer - wen?" im Weltmaßstab endgültig zugunsten der Kräfte des Friedens und einer kommunistischen Zukunft zu entscheiden.

Hauptkettenglied Mikroelektronik

Vor dem Hintergrund dieser Überlegungen stellt sich nun die Frage, auf welche Weise die weitreichenden und anspruchsvollen Zielstellungen erreicht werden sollen, worin das Hauptkettenglied bei der Beschleunigung des wissenschaftlich-technischen Fortschritts besteht. Die Antwort gab die SED schon im Jahr 1977 auf dem 6. Plenum ihres Zentralkomitees. Ausgehend von dem inzwischen erreichten Entwicklungsstand der Produktivkräfte sowie den weiterentwickelten Produktionsverhältnissen, insbesondere in Gestalt leistungsfähiger Kombinate, wird die Mikroelektronik als jenes objektive Erfordernis der weiteren Produktivkraftentwicklung erkannt, von dem die entscheidenden Impulse für die Weiterführung der wissenschaftlich-technischen Revolution ausgehen. Selbst Ergebnis der wissenschaftlich-technischen Revolution, treibt sie diesen Prozeß energisch weiter und erreicht

Rationalisierungseffekte in neuen Größenordnungen in allen Bereichen der Volkswirtschaft und weit darüber hinaus. Die klare Orientierung der Partei, die Mikroelektronik als eine grundlegende Seite der wissenschaftlich-technischen Revolution zu meistern, hat bewirkt, daß unser Land zu den acht Ländern unseres Erdballs gehört, die Technologien zur Herstellung hochintegrierter elektronischer Bauelemente, den Bau von Steuereinheiten und Mikrorechnern und deren Programmierung beherrschen. Zur Zeit verfügen wir etwa über 500 mikroelektronische Bauelemente und etwa 200 Typen integrierter Schaltkreise, ein Angebot, das ständig erweitert und durch Bauelemente aus der UdSSR ergänzt wird. Das hat uns in die Lage versetzt, ein Gerätesortiment zu entwickeln, welches in zunehmendem Maße den volkswirtschaftlichen Bedürfnissen sowie den Exportanforderungen auf dem Gebiet der Mikroelektronik entspricht. Verfügten wir im Jahre 1976 über eine geringe Zahl an Typen mikroelektronischer Bauelemente im Wert von einigen Millionen Mark, erreichten wir 1980 eine Produktion von nahezu einer Milliarde Mark.[1)]

Wir folgen damit einem Trend, der sich international vollzogen hat. Die Bauelementeherstellung als Herzstück der Mikroelektronik weist jährliche Wachstumsraten von 20 bis 30% auf. Damit realisiert sie einen Zuwachs, der weit über dem Durchschnitt der industriellen Entwicklung liegt, und es wird eingeschätzt, daß sich dieser Trend in den nächsten Jahren fortsetzt.

Die durch die Erzeugnisse der Elektronik-Industrie erreichten Rationalisierungseffekte zeigen sich in drei Bereichen.

Erstens wird es möglich, die Erzeugnisentwicklung des Maschinenbaus wie der Konsumgüterindustrie auf ein qualitativ höheres Niveau zu heben. Das gilt in erster Linie für den Werkzeug- und Verarbeitungsmaschinenbau. So steht z.B. das Kombinat "Fritz Heckert" vor der Aufgabe, im Zeitraum des Fünfjahrplanes die wertmäßige Produktion von mikroelektronisch gesteuerten Werkzeugmaschinen von 18 auf 50% zu steigern. Aber auch hinsichtlich technischer Konsumgüter, wie Kühlschränke, Waschmaschinen, bis hin zu Fernsehgeräten, Uhren und Kameras, werden durch die Anwendung der Mikroelektronik bedeutende Effekte erzielt. Sie liegen vor allem in der Erhöhung der Gebrauchswerteigenschaften,

1) Vgl. Honecker, E.: Bericht des ZK der SED an den X. Parteitag, Berlin 1981, S. 37

einer bedeutenden Senkung des spezifischen Materials und Energieverbrauchs, in der Einsparung lebendiger Arbeit sowie in der Erhöhung ihrer Zuverlässigkeit, ihrer Servicefreundlichkeit u.a.m. Wir erreichen also mit dem Einsatz der Mikroelektronik in der Erzeugnisentwicklung genau die vom X. Parteitag geforderte höhere Veredlung der eingesetzten Materialien und Energien. Das aber ist eine Grundvoraussetzung, um Erzeugnisse herzustellen, die der Binnenmarkt benötigt und die wir mit Gewinn auf den Außenmärkten verkaufen können. Und es zeichnen sich Entwicklungen ab, die hinreichen bis zum Heimcomputer, der einen weitgehend bargeldlosen Verkehr, den technisch vermittelten Kontakt mit Freunden, Kollegen und Informationszentren genauso möglich macht, wie die individuelle Auswahl von Sendungen des Fernsehens u.a.m.

Zweitens und vor allem ermöglicht die Anwendung mikroelektronischer Erzeugnisse und der mit ihnen ausgestatteten Industrieroboter, den Prozeß der Automatisierung weiterzutreiben. Er wird besonders auf die Bereiche des Maschinenbaus mit der hier vorherrschenden Klein- und Mittelserienproduktion ausgedehnt. Das betrifft sowohl die Teilefertigung als auch die Montage. Dabei geht es nicht nur darum, daß gerade hier, also in der Rationalisierung der Produktionsprozesse, die größten Rationalisierungseffekte mit dem Einsatz der Mikroelektronik erzielt werden können. (Man rechnet damit, daß bis 50% der Einsparungen bei der Anwendung der Mikroelektronik gerade in diesem Bereich zu erzielen sind.) Hier zeichnen sich Entwicklungen ab, die in Richtung des Aufbaus einer bedien- und wartungsarmen Produktion im Maschinenbau weisen, die in der Tendenz zur automatischen Fabrik der Zukunft führen. Diesem Anwendungsfeld mit seinen sozialen Begleiterscheinungen gilt in unseren Ausführungen darum auch besonderes Interesse.

Drittens schließlich liegt ein Hauptanwendungsbereich der Mikroelektronik in der Rationalisierung der produktionsvorbereitenden und Dienstleistungsbereiche. Eine computergestützte Konstruktion, Technologie oder Produktionsleitung wird viel Bewegung und manche Probleme auslösen. Die Produktivität in der technologischen Produktionsvorbereitung z.B. läßt sich durch die Reduzierung von Routineprozessen mittels moderner Mensch-Maschine-Dialog-Systeme um 20 bis 30% erhöhen. Das wird aber nicht zu unterschätzende Veränderungen in der gesamten Arbeitsweise mit sich bringen. Noch

gravierendere Auswirkungen sind im Bank- und Postwesen und überhaupt im Bürobetrieb zu erwarten, die bislang vom technischen Fortschritt wenig berührt waren. Hier wird es zur Eliminierung vieler Arbeitsplätze und andererseits zu beträchtlichen Qualifikationsanforderungen kommen. Entwicklungen, denen man in den kapitalistischen Industriestaaten hinsichtlich ihrer sozialen Folgen ratlos gegenübersteht, deren soziale Bewältigung aber auch im Sozialismus viel Umsicht und Einsicht erfordern wird.
Die mit der Mikroelektronik und der Industrieroboter-Technik als eines ihrer Anwendungsgebiete weitergeführte Entwicklung der Produktivkräfte bedarf der weltanschaulichen Reflexion, um zum einen diesen Prozeß in seiner Vielschichtigkeit und Problemfülle wissenschaftlich zu erfassen und in seiner ganzen Tragweite ins Bewußtsein zu rufen und zum anderen die vielfältigen Konsequenzen zu verdeutlichen, die mit ihm verbunden sind. Diese reichen von der Vertiefung sozialistischer Produktionsverhältnisse, über tiefgreifende Veränderungen in den Tätigkeiten der Produktionsarbeiter wie des ingenieurtechnischen Personals im Bereich der Produktionsvorbereitung, bis hin zu neuen Ansprüchen an die geistige Kultur des Menschen, seine Bildung und Qualifikation, seine von politischen Einsichten getragenen Verhaltensweisen zur verantwortungsbewußten Gestaltung und Beherrschung dieser bedeutenden Entwicklung. Darüber hinaus tritt immer deutlicher zutage, daß die technische Höherentwicklung im Zusammenhang mit der Anwendung von Mikroelektronik und Industrie-Roboter-Technik zum Wohle oder zum Schaden der Menschen ausschlagen kann. Aber dieser Sachverhalt liegt keineswegs in der modernen Technik selbst wie das bürgerliche Ideologen immer wieder glauben machen wollen. Weltanschaulich-philosophische Betrachtungen haben hier den Nachweis zu bringen, daß sich in Abhängigkeit von den konkreten Eigentums- und Machtverhältnissen die mit der modernen Technik aufgeworfenen Probleme wesentlich anders stellen. Ohne die Vielfalt und Tragweite der Entwicklungsprobleme geringzuschätzen, wie sie sich bei der Meisterung modernster Techniken und Technologien auch auf dem Boden sozialistischer Produktionsverhältnisse ergeben, stehen wir auf der theoretisch begründeten und auch schon praktisch nachgewiesenen Position der Beherrschbarkeit des wissenschaftlich-technischen Fortschritts im allgemeinen und der hier angesprochenen technischen Entwicklung im besonderen. Im folgenden wollen wir einzelnen der hier kurz vorgestellten Pro-

bleme nachgehen.

Eine neue Etappe der wissenschaftlich-technischen Revolution

Für eine richtige Standortbestimmung im technischen Schaffensprozeß und einer engagierten, vorwärtsdrängenden Position ist es von nicht geringer Bedeutung, zunächst den Rang der tiefgreifenden Veränderungen zu erfassen, die mit der breiten Anwendung der Mikroelektronik und Industrie-Roboter-Technik zutagetreten. Die nachhaltigsten Veränderungen dieser Schrittmacher der wissenschaftlich-technischen Revolution kommen besonders dadurch zustande, daß sie flexible Automatisierungslösungen in den Bereichen der Klein- und Mittelserienproduktion des Maschinenbaus ermöglichen und damit den Kernprozeß der wissenschaftlich-technischen Revolution, die Automatisierung ganzer Produktionsprozesse, weitertreiben, also weitere revolutionierende Veränderungen in der Entwicklung der Produktivkräfte bewirken. Die Wandlungen sind so weitreichend, daß wir von einer neuen Etappe der wissenschaftlich-technischen Revolution sprechen können.
Ein kurzer Rückblick in vorangegangene Etappen technischer Entwicklung wird diese Überlegung stützen können.
Es ist eine allgemeine Gesetzmäßigkeit der Entwicklung der Produktivkräfte, daß Arbeitsfunktionen des Menschen - körperliche wie geistige - in zunehmendem Maße von technischen Mitteln übernommen werden. Lenin bemerkte: "Der technische Fortschritt aber kommt gerade darin zum Ausdruck, daß die Arbeit des Menschen immer mehr hinter der Arbeit von Maschinen zurücktritt." [1]
Die Tendenz, Tätigkeiten, die bislang vom Menschen ausgeübt wurden, der Maschine zu übertragen, setzte mit der industriellen Revolution zu Ausgang des 18. Jahrhunderts ein und bezog sich hier auf körperliche Funktionen. Die moderne informationsverarbeitende Technik auf der Grundlage der Mikroelektronik setzt diese Tendenz unter den heutigen Bedingungen fort - aber nun geht es primär um die Übertragung von geistigen Funktionen auf die Maschine.
Die industrielle Revolution begann mit der Übertragung bestimmter Arbeitsfunktionen auf Arbeitsmaschinen. [2] Der wachsende Bedarf an materiellen Gütern stieß an die Grenzen des Handwerks wie

1) Lenin, W.I.: Zur sogenannten Frage der Märkte, Werke Bd. 1, Berlin 1968, S. 75
2) Dietrich, D.: Mensch und Technologie, VEB Deutscher Verlag der Wissenschaften, Berlin 1980, S. 54 ff.

der Manufaktur. Die Arbeitsmaschine vervielfachte das menschliche Leistungsvermögen, führte das Werkzeug anstelle des Menschen. Bald aber traten neue Widersprüche zutage, die dazu zwangen, die Mechanisierung weiterzutreiben. Die Arbeitsmaschinen wurden immer mehr vervollkommnet und erforderten immer größere Antriebskräfte, die die physischen Fähigkeiten des Menschen überstiegen. Dieser Widerspruch wurde mit der Einführung der Dampfmaschine gelöst. Die partielle Mechanisierung erweiterte sich zur durchgängigen. Die Dampfmaschine übernahm den Antrieb der Maschinen und ersetzte nunmehr auch die energetische Funktion der menschlichen Arbeit. Dem Arbeiter verblieben Hilfsfunktionen sowie die Tätigkeit der Kontrolle und Steuerung der Maschinen. Das Vorhandensein einer solchen leistungsfähigen Technik zur Erzeugung und Übertragung großer mechanischer Energien bewirkte eine Revolutionierung der Produktivkräfte. Sie erlaubte den räumlich eng konzentrierten und mechanisierten Aufbau großer Werkstätten, bewirkte die Einsparung von Arbeitskräften und führte zu einer höheren Fertigungsquantität und -qualität. Im Ergebnis dieser Entwicklung entstand die klassische Maschinerie und damit schloß die erste Etappe der industriellen Revolution ab.
Bald traten neue Widersprüche zutage. Die notwendige Produktionsausdehnung stieß an die Grenzen einer technisierten Produktion, die auf einem zentralisierten Antrieb und dem damit verbundenen umfangreichen Transmissionsmechanismus bestand. Diese Nachteile der Dampfmaschine wurden durch die Entwicklung und den Einsatz des Elektromotors überwunden. Die dreigliedrige Maschinerie - Antriebsmaschine, Transmissionsmechanismus, Werkzeugmaschine - wurde vereinheitlicht. Damit waren die Voraussetzungen gegeben, die Produktion räumlich zu erweitern, in einzelne Produktionsbereiche aufzugliedern und den Produktionsumfang gewaltig zu erhöhen. Die moderne Industrie wuchs ins uferlose. Die Massenproduktion materieller Güter beruhte nicht nur auf einer sich ständig weiterentwickelnden Technik, sondern auch auf hocheffektiven Organisationsformen der Produktion. Höchste Perfektion wurde mit dem Fließbandsystem erreicht. Gleichzeitig entwickelten sich damit neue Widersprüche im Verhältnis des Menschen zur Maschinerie. An den technologisch bedingten Zwangsrhythmus der Taktzeiten gebunden, festgelegt auf kurze, einfache und damit äußerst monotone Arbeitsverrichtungen, war der Mensch nicht nur zum Anhängsel

der Maschine degradiert. Er gelangte erneut an die Grenzen seines Leistungsvermögens. Die Steuerung und Kontrolle eines Maschinensystems, das immer komplizierte wurde, dessen Bearbeitungstempo immer mehr zunahm, war immer weniger zu beherrschen. Die Entwicklung gelangte an einen Punkt, wo es immer dringlicher wurde, einen weiteren Sprung zu vollziehen: den Menschen aus der die Maschine steuernden und regelnden sowie kontrollierenden Funktion herauszulösen und auch diese Aufgaben der Maschine zu übertragen. Die Fließfertigung selber schuf hierfür wichtige Voraussetzungen. Die Aufgliederung des Fertigungssystems in seine einzelnen Elemente bot die Möglichkeit, sie Maschinen zu übertragen. Insofern stellt die Fließfertigung die unmittelbare Vorstufe der Automatisierung dar. So entstanden auch bereits in den zwanziger Jahren dieses Jahrhunderts die ersten Transferstraßen, die sich zwar auf Grund der Unzulänglichkeiten der mechanischen Steuerung nicht durchsetzten, aber zu einem unmittelbaren Vorläufer besserer Lösungen gerechnet werden müssen.[1)]
Die endgültige Lösung brachte hier die Wissenschaft von den dynamischen Regelprozessen. In raschem Tempo wurden technische Steuerungs- und Regelsysteme entwickelt, die nun auch die bislang dem Menschen vorbehaltenen geistigen Funktionen der Steuerung und Kontrolle der Produktion übernehmen konnten. Damit wird das Verhältnis des Menschen zur Maschine radikal umgestaltet. Er scheidet immer mehr als ein Glied des produktionstechnischen Systems aus. "Er tritt neben den Produktionsprozeß, statt sein Hauptagent zu sein", [2)] wie das Marx schon hinsichtlich höherer Stufen der Entwicklung der großen Industrie voraussah. Eine neue revolutionierende Umwälzung der Produktivkräfte, die im Gegensatz zur industriellen Revolution ihren Ausgang von einer Vielzahl wissenschaftlicher Erkenntnisse nahm, wurde eingeleitet: die wissenschaftlich-technische Revolution, in deren Mittelpunkt die Anwendung der informationsverarbeitenden Technik und die hierdurch bewirkte Automatisierung der Produktion stehen.

---

1) Vgl. Sonnemann, R.: Automatisierung - Kernprozeß der wissenschaftlich-technischen Revolution. Wesen und Ursprung. In: wissenschaftlich-technische Revolution - Sozialismus - Ideologie, Teil 1, TU Dresden, 1974, S. 56

2) Marx, K.: Grundrisse der Kritik der Politischen Ökonomie, Berlin 1953, S. 591.

"In der ersten Etappe dieser Umwandlung der Produktivkräfte werden geistige und körperliche Funktionen der Kontrolle und Steuerung vom Menschen auf streng determinierte mechanisch produzierende Anlagen übertragen." [1] Wir haben es hier mit festprogrammierten, automatischen Fließreihen zu tun, die meist schon mit elektronischen Steuerelementen ausgerüstet sind. Sie befreien den Menschen vom Transport des Arbeitsgegenstandes sowie von der Steuerung des Bearbeitungsprozesses. Es sind unflexible Einzweckautomatisierungslösungen, die stabile Produktionslinien zur Voraussetzung haben und vor allem in Gestalt automatisierter Verfahrenszüge in der chemischen Industrie sowie in der Großserien- und Massenfertigung der metallverarbeitenden Industrie Einzug gehalten haben. Sie werden zweifellos ihre Bedeutung in bestimmten Bereichen behalten, aber schon heute zeichnet sich ab, daß die Entwicklung hierbei nicht stehenbleiben wird, daß auch hier die Mikroelektronik neue Möglichkeiten eröffnet. Vor allem erweisen sich solche automatisierten Fließstraßen den wachsenden Bedürfnissen nach modifizierten, den konkreten Kundenwünschen angepaßten Spezialerzeugnissen immer weniger gewachsen. Die Schwachstelle besteht eindeutig in der mangelnden Flexibilität. Sie hindert zunehmend, rasch neue Erzeugnisse auf den Markt zu bringen und unterliegt einem zunehmenden moralischen Verschleiß. Billige Steuerungen auf der Grundlage der Mikroelektronik für Werkzeugmaschinen, für Maschinen zur Handhabung von Werkzeugen und Werkstücken (Industrieroboter), für ganze Produktionsprozesse schaffen die gerätetechnischen Voraussetzungen, derartige Automatisierungslösungen weiterzuführen und ihnen eine bestimmte Flexibilität zu verleihen.

Besonders aber - und damit kommen wir auf die eingangs getroffene Feststellung zurück - müssen die Leistungen der Mikroelektronik einschließlich der Industrie-Roboter-Technik als ein herangereiftes produktionstechnisches Bedürfnis des Maschinenbaus mit der hier gegebenen Einzel-, Klein- und Mittelserienfertigung begriffen werden.
Im Gegensatz zu einer Fertigung, die in großen Serien oder in Massenstückzahlen erfolgt, ist hier die Produktion durch ein breites Sortiment gekennzeichnet, und die einzelnen Erzeugnisse

1) Dietrich, D.: Mensch und Technologie, a.a.O., S. 70.

werden in geringen Losgrößen produziert. Der Anteil der Klein- und Mittelserienproduktion in der metallverarbeitenden Industrie unseres Landes ist beträchtlich und in den letzten Jahren faktisch konstant geblieben.[1] Das hatte zur Folge, daß sich bislang eine breitere Maschinenanwendung eigentlich nur in den mechanischen Abteilungen zur unmittelbaren Energie- und Stoffumwandlung durchsetzen konnte. In den Bereichen der Instandhaltung, der Transport-, Umschlag- und Lagerhaltungsprozesse ist die Mechanisierung noch wenig vorangeschritten. 60% der hier anfallenden Arbeiten werden noch manuell durchgeführt. Noch ungünstiger ist die Lage in den Montageprozessen. Diese sind bislang auf Grund der hier vorherrschenden komplizierten Handhabeaufgaben einer Mechanisierung oder gar Automatisierung weitgehend verschlossen geblieben. 70% der Tätigkeiten werden hier manuell verrichtet. Diese Mechanisierungslücken weisen auf beträchtliche Reserven hinsichtlich der Steigerung der Arbeitsproduktivität, der Einsparung von Arbeitsplätzen hin, die erschlossen werden können, wenn es gelingt, die Automatisierung auch in diesen Bereichen unserer Volkswirtschaft durchzusetzen und damit die Stagnation des Mechanisierungsprozesses zu überwinden. Der Druck der Automatisierung geht dabei auch von den Bearbeitungsprozessen selber aus. Mit der fortschreitenden Verbesserung und Automatisierung der Bearbeitungsmaschinen z.B. folgen Beschickungsprozesse immer rascher aufeinander, und wir beobachten erneut das Phänomen überhöhter Anforderungen an das physische und psychische Leistungsvermögen des Menschen. Er vermag dem Fluß einer zunehmend technisierten und automatisierten Produktion nicht mehr hinreichend zu folgen. Aber traditionelle Automatisierungslösungen versagen, wo sich die Zyklen der Arbeitsgänge von Zeit zu Zeit ändern, bzw. sie wären hier nicht ökonomisch einsetzbar Darum wurde auf dem X. Parteitag der SED die Forderung erhoben, "flexible Automatisierungslösungen unter Einsatz von Robotern der dritten Generation und vollintegrierte Meß- und Steuerungstechnik" [2] aufzubauen.

1) Haustein, H.-D.; Maier, H.: Flexible Automatisierung - Kernprozeß der revolutionären Veränderungen der Produktivkräfte in den achtziger und neunziger Jahren, in: Wirtschaftswissenschaft, Heft 5, 1982.

2) Honecker, E.: Bericht des ZK an den X. Parteitag der SED, Berlin 1981, S. 50.

Bedenkt man, daß 75% des Erzeugnisvolumens in der metallverarbeitenden Industrie in Einzel-, Klein- und Mittelserienfertigung hergestellt werden, wird deutlich, welche Reserven im Übergang zur flexiblen Automatisierung liegen. Derartige Lösungen sind beispielsweise durch die Integration von Lagerhaltungs- und Transportprozessen in die unmittelbaren Bearbeitungsprozesse sowie durch Optimierung der Verfahrens- und Prozeßabläufe gekennzeichnet. Es werden geschlossene automatische Prozesse gestaltet, aber nicht starr verkettet, um die gebotene Flexibilität zu garantieren. Hier finden wir NC-Maschinen unterschiedlicher Generationen vor. Eine bedeutende Rolle spielen Industrieroboter, darunter auch mikroelektronisch gesteuerte bis hin zu solchen der dritten Generation. Sie werden besonders für die Gestaltung der Übergabestellen vom Lager zum Transportsystem, von diesem zum Fertigungsplatz und hier für die Bedienung von Werkzeugmaschinen mit Werkstücken oder zur Realisierung für technologische Aufgaben eingesetzt. Sie nehmen damit eine Schlüsselstellung im Aufbau solcher integrierter Fertigungsabschnitte ein. Gleichfalls erfolgt die Steuerung des Prozesses auf der Grundlage der Mikroelektronik. Alle wesentlichen Steuerfunktionen werden nach dem Prinzip der "verteilten Intelligenz" über Mikrorechner und Rechnerhierarchien realisiert.

Wir sehen: Der Zwang zur weiteren Mechanisierung im Maschinenbau auf Grund der Stagnationserscheinungen in weiten Bereichen bzw. zunehmender Überforderung durch das Tempo der Bearbeitungsprozesse, das Bedürfnis selbst der Großserienfertigung nach flexiblen Automatisierungslösungen - all diese angestauten Probleme und Widersprüche treiben zur Weiterführung der Grundtendenz des technischen Fortschritts, jetzt zur Delegierung von informationsverarbeitenden Tätigkeiten an die Maschine. Mit dem Aufkommen der Mikroelektronik (Rechentechnik, Steuerungstechnik, Industrie-Roboter-Technik) sind die Lösungen prinzipiell gegeben, und damit ist die weitere Entwicklung zu höheren Technisierungsstufen unumkehrbar. Das kennzeichnet eine objektive Gesetzmäßigkeit im Bereich der Produktivkräfte im Ergebnis des Lösens und ständigen Neusetzens von Widersprüchen. Natürlich darf bei alledem nicht übersehen werden, daß derartige Lösungen nur Schritt um Schritt, nach Maßgabe der zur Verfügung stehenden technischen Lösungen wie auch volkswirtschaftlicher Möglichkeiten realisiert werden können. Die sich mit der flexiblen Automatisierung vollziehenden qualitativen Veränderungen werden einen Zeitraum, der sicher über das Jahr 2000 hinausreichen wird, in Anspruch nehmen und eine Fülle konkreter und vielleicht heute noch nicht absehbarer Lösungen bringen, die sich im Ergebnis der Praxisüberprüfung als zweckmäßig erweisen.

Es muß auch in aller Deutlichkeit gesagt werden, daß die Erfordernisse der Weiterentwicklung und des Austausches herkömmlicher Verfahren bestehenbleiben und keinesfalls an Bedeutung verlieren. Neue Lösungen im Rahmen der überkommenen Technik mögen weniger spektakulär sein, aber sie sind nicht weniger wichtig, massenhaft zu realisieren und erfordern gleichermaßen technisches Schöpfertum, wie sie hohe gesellschaftliche Wertschätzung verdienen. Dennoch ist die erforderliche Leistungssteigerung unserer Volkswirtschaft allein mit diesen Maßnahmen, so wichtig sie sind, nicht zu erreichen, stehen integrierte, flexible Automatisierungslösungen überall dort, wo die Bedingungen gegeben sind, auf der Tagesordnung. Daher werden die neueste und ältere Technik nebenund miteinander existieren. Im Interesse der Reduzierung des Investitionsaufwandes werden solche tiefgreifenden Rationalisierungsmaßnahmen weitgehend unter Nutzung der vorhandenen Ausrüstungen realisiert werden müssen, zumal die Mehrheit der Grundmittel heute schon einen hohen technischen Entwicklungsstand aufweist.
Über längere Zeiträume hinweg werden daher auch recht unterschiedliche Arbeitsinhalte, Arbeitsbedingungen und Wege der Überwindung körperlich schwerer und geistig einförmiger Arbeit anzutreffen sein.

Die volkswirtschaftliche Bedeutung solcher flexibler Automatisierungslösungen muß darin gesehen werden, daß hier die Produktion mit weniger und für die Nachtschicht noch weiter reduzierten Arbeitskräften durchgeführt werden kann sowie über eine bessere Auslastung der Grundmittel,die Sicherung eines höheren Gleichmaßes die Produktion, der Erhöhung der Qualität der Erzeugnisse und die Einsparung von Material und Energie die Kosten der Erzeugnisse gesenkt werden können.
Alles in allem eine bedeutende Entwicklung, die die Mikroelektronik zur Grundlage hat.

Wenn wir die bisherigen Überlegungen resümieren, um damit zugleich auch Ansatzpunkte für weiteres zu gewinnen, ließe sich folgendes sagen:

Erstens sollte die Tragweite der Mikroelektronik und Industrie-Roboter-Technik für die technische Entwicklung sichtbar werden. Wir stehen mit diesen Möglichkeiten am Beginn einer neuen Revolutionierung der Produktivkräfte. Eine neue Stufe der Automatisierung wird durch sie möglich: die flexible Automatisierung. Sie wird die traditionelle Einzweck-Automatisierung ergänzen durch flexible Lösungen, die insbesondere den Bedürfnissen des Maschinenbaus entsprechen und hier die Stagnation des technischen Entwicklungsprozesses überwinden helfen. Damit tritt die wissenschaftlich-technische Revolution, deren Kernprozeß die Automatisierung ist, in eine neue Etappe ihrer Entwicklung und erfährt eine neue, weltweit zu beobachtende Beschleunigung. Mikroelektronik wirkt auf die Beschleunigung der Produktivkräfte in einer Weise, wie seinerzeit die Arbeits- und Kraftmaschine oder später der Elektromotor bzw. die ersten und noch schwerfälligen Steuer- und Regelsysteme zu Beginn der wissenschaftlich-technischen Revolution. Aber auf Grund der Breite ihrer Anwendung sowie ihres Einflusses auf die Gebrauchseigenschaften der Erzeugnisse dürfte sie die Wirkungen dieser grundlegenden technischen Erneuerungen der Vergangenheit noch übertreffen.

Zweitens war es ein Anliegen, die Gesetzmäßigkeit dieser Entwicklung zu betonen. Wir haben es mit einem Prozeß zu tun, der keine bloße Ermessensfrage ist, sondern sich objektiv vollzieht und auf den wir uns in aller Konsequenz einzustellen haben. Mikroelektronik und Industrie-Roboter-Technik sind keine Modeerscheinung und niemand, besonders nicht in verantwortlichen Positionen, möge bei sich die Stimmung nähren, daß dieser Trend auch mal vorüber und der Kelch an ihm vorbeigehen werde. Vor uns steht nicht die Frage, ob wir die rasche Entwicklung und Anwendung dieser "Schlüsseltechnologie" wollen oder nicht, sondern die Verpflichtung, dieser objektiven Notwendigkeit unter Nutzung aller Vorzüge des Sozialismus zum Durchbruch zu verhelfen. Zu ihrer beschleunigten Anwendung gibt es keine Alternative. Die damit verbundenen Widersprüche und Probleme müssen bewältigt werden. Manchmal vernommene Wünsche und Meinungen, daß wir doch mit dem

Erreichten zufrieden sein sollten, uns der Vorzüge des Sozialismus erfreuen könnten und daher nicht den unerbittlichen Kampf um wissenschaftlich-technische Spitzenpositionen mitzumachen brauchten, sind in ihrem Kern idealistische Träumereien. Mehr noch, sie sind in Anbetracht der Verschlechterung der weltpolitischen Situation und der komplizierteren Reproduktionsbedingungen unseres Landes schädlich. Ihnen zu folgen hieße, Errungenes preiszugeben, der humanistischen Verantwortung des Sozialismus in der welthistorischen Klassenauseinandersetzung mit dem Imperialismus und im Kampf für den Frieden nicht gerecht zu werden. Dialektisch-materialistisches Denken erfordert daher die gar nicht immer leichte Konsequenz, rigoros das objektiv Notwendige einzusehen, sich nichts vorzumachen und die geschichtliche Herausforderung anzunehmen.

<u>Drittens</u> wollten wir darauf aufmerksam machen, daß aus der Einsicht der schrittweisen Realisierung flexibler Automatisierungslösungen jene realistische Position erwachsen muß, die wir brauchen, in der sich nüchterne Sachlichkeit mit engagiertem Vorwärtsdrängen vereinigt. Die angestrebte Entwicklung vollzieht sich in dialektisch-widersprüchlicher Einheit von Revolutionärem und Evolutionärem und als dialektische Negation. Sie erfordert eine politisch-moralische Haltung, die sich einerseits nicht zufrieden gibt mit dem Bestehenden und entschlossen auf seine Veränderung drängt und zum anderen der Entwicklung all das aufzubewahren sucht, was sie braucht, damit die neue Lösung investitionsarm ausgestattet werden kann. Der rationale Umgang mit dem Vorhandenen ist ein Gebot der Vernunft. Wir brauchen den Ehrgeiz, Erkenntnisvermögen optimal zu nutzen, nichts brach liegen zu lassen oder gar zu vergeuden.

<u>Viertens</u> sind damit Entwicklungen verbunden, die weit über Technisch-Erforderliches und Ökonomisch-Erstrebenswertes hinausreichen. Mit der entschlossenen Weiterführung der Automatisierung wird es möglich, in weiteren Bereichen den Menschen aus dem Zwangsrhythmus des technologischen Prozesses herauszulösen, wo er oftmals nur Lückenbüßer einer unvollkommenen Technologie war und nicht selten unter Bedingungen schwerer physischer Belastung bzw. geringer geistiger Inanspruchnahme seine Arbeit verrichten

mußte. Das wollen wir noch ausführlicher behandeln und am Beispiel der Industrie-Roboter-Technik verdeutlichen.

Fünftens haben wir in unseren Überlegungen bislang von den sozial-ökonomischen Verhältnissen abgesehen, unter denen sich Prozesse der Produktivkraftentwicklung ja immer vollziehen. Wir haben sie ausschließlich aus der relativ eigengesetzlichen Entwicklung der Technik hergeleitet. Aber die sozialökonomischen Verhältnisse haben auf solche Entwicklungen natürlich nachhaltigen Einfluß, und das wird noch näherer Betrachtung bedürfen. Wir werden sehen, daß sozialistische Produktionsverhältnisse eine unabdingbare Voraussetzung sind, soll moderne Technik ihrer Wesensbestimmung entsprechen.

Industrieroboter - ein Anwendungsfeld der Mikroelektronik

In der jüngsten Zeit machen immer stärker technische Mittel auf sich aufmerksam, die oft mit der Mikroelektronik in einem Zuge genannt werden: die Industrieroboter. Sie nehmen in zunehmendem Maße einen Platz an Stelle des Menschen in der Produktion ein, beschicken Maschinen mit Werkstücken, schweißen, farbspritzen, nieten, sandstrahlen und gußputzen, montieren und transportieren, arbeiten nicht selten unter extremen Bedingungen: in großer Hitze- und Staubeinwirkung. Sie sind unermüdlich, können tausende von Stunden mit geringer Hilfs- und Wartungszeit in Betrieb sein. Industrieroboter sind ein konkretes Anwendungsfeld der Mikroelektronik und nehmen - wie bereits dargestellt - eine Schlüsselstellung in flexiblen Automatisierungslösungen ein. Schon allein dieser Umstand verdient unser Interesse. Hinzu kommt ein weiteres: Die ganz allgemein mit der technischen Entwicklung verbundenen sozialen Voraussetzungen und Konsequenzen sind an solchen exemplarischen Entwicklungen der Produktivkräfte in besonderer Weise sichtbar, und gerade diesen Fragenkreis wollen wir in den Mittelpunkt unserer weiteren Überlegungen stellen.
In einer ganz allgemeinen Bestimmung kann man Industrie-Roboter als Automatisierungsmittel bezeichnen, womit zugleich etwas wesentliches über ihren Stellenwert gesagt wäre: Daß sie mit dem Kernprozeß der wissenschaftlich-technischen Revolution verbunden sind und sehr viele Menschen aus dem unmittelbaren Fertigungsprozeß herauslösen. Tatsächlich vermögen Industrieroboter den Menschen in bestimmten Bereichen seiner Tätigkeit, vor allem in der

Produktion, zu ersetzen. Damit hat sich etwas verwirklicht, was man seit je mit dem Begriff Roboter verband. Maschinen zu bauen, die Arbeit erleichtern oder dem Menschen abnehmen, hat die Menschen schon immer erregt, schon lange bevor der Begriff "Roboter" geprägt war. Schon die mittelalterliche Sagenwelt weiß darüber zu berichten. Dabei galt die Schöpfung von Automaten als Frevel, als Herausforderung Gottes, und der Frevel wurde in der Regel gesühnt mit dem Tod des Schöpfers durch seine eigene Maschine. Das hat die Menschen jedoch nicht davon abgehalten, sich immer wieder aufs neue mit diesem "Teufelswerk" zu befassen. In der zweiten Hälfte des 18. Jahrhunderts waren es Uhrmacher, die schreibende, klavierspielende, schachspielende Puppen bauten und mit diesen antropomorphen Automaten Eindruck hinterließen. Die Bezeichnung Roboter kannten sie noch nicht. Dieser Begriff verbindet sich mit Karel Capeks utopischem Bühnenstück "Rossum's Universal Robots" aus dem Jahr 1920: Er brachte phantastische Maschinenmenschen auf die Bühne, Roboter (robota, Sklavenarbeit), die massenhaft produziert wurden, um die Fließbänder zu übernehmen. Sie entwickelten sich zu einer gesellschaftlichen Schicht und da sie größere physische Kräfte und intellektuelle Fähigkeiten hatten, entglitten sie ihren Schöpfern und drohten sie zu vernichten. Noch ganz der Diktion der mittelalterlichen Sagenwelt verhaftet, wurde hier zugleich eine Warnung ausgesprochen vor einer Gesellschaft, in der die Technik dem Profit unterworfen wird, sich verselbständigt und gegen den Menschen richtet. Seither verbindet sich mit dem Begriff Roboter ein künstlicher Mensch. So sehen es die Zeichner und Karrikaturisten und Bastler bis heute. In die reale Welt sind sie jedoch wesentlich anders eingetreten. Menschliche Gestalt jedenfalls haben sie nicht. Daß sie über "Arme" und "Hände" verfügen, ist dem Umstand geschuldet, daß die Maschinenwelt den physiologischen Bedingungen des Menschen angepaßt ist, so daß deren Bedienung auch vom Industrieroboter "Arme" und "Hände" erfordert. Aber wozu den Greifer mit fünf Finger ausstatten, wenn ein einfacher Zangenapparat ausreicht? Gerade in dieser Beschränkung liegt der Vorteil und die Möglichkeit eines ökonomischen Einsatzes. Geblieben ist der Begriff Roboter, genauer: Industrieroboter und auch, daß sie bestimmte und bemessene Tätigkeiten des Menschen verrichten können. Aber in ihrer äußeren Gestalt sind sie ganz der Funktion verhaftet. Und auch die Vorläufer der realen Industrie-Roboter-Technik sind nicht jene antropomorphen Automaten und auch nicht jene Blechungetüme, die in den 20er und 30er Jahren in den USA entwickelt wurden (Mr. Telvox, 1927; Sabor II, 1930; Alpha, 1932), sondern zum einen die schon seit langem gebräuchlichen Handhabeeinrichtungen, z.B. für das Einlegen schwerer Schmiedestücke in Pressen oder Hämmer, und zum anderen das Aufkommen der Mikroelektronik. Wie mit Hilfe eines Mikrorechners die Reihenfolge der technologischen Abläufe zur Bearbeitung der Werkstücke durch NC-Werkzeugmaschinen automatisch realisiert wird, so bot sich auch die Möglichkeit, solche Steuerungen mit Handhabeeinrichtungen zu koppeln und auf diese Weise freiprogrammierbare Handhabeeinrichtungen zu schaffen.

Damit haben wir auch die zwei Grundelemente der modernen Industrieroboter: einen steuerbaren Manipulator (Maschine, ausgerüstet mit einer "künstlichen Hand") sowie einen Steuermechanismus (mechanische, hydrauliche, pneumatische Steuerung bis hin zur Steuerung mittels Mikrorechner). Sie dienen der selbständigen (automatischen) Handhabung von Werkstücken und Werkzeugen (Spritzpistole, Schweißzange). Mit ihrer Hilfe wird die Automatisierung von Haupt- und Hilfsprozessen vorangetrieben, werden Arbeitsplätze eingespart und die Arbeitsbedingungen verbessert.

Von dieser Wesensbestimmung muß man auch ausgehen, will man die Frage beantworten, was zu dieser Technik gehört. Zunächst verstand man darunter flexibel einsetzbare, freiprogrammierbare Maschinen für Handhabungsaufgaben. Die Praxis hat diese Bestimmung inzwischen korrigiert. Beim Einsatz von Industrierobotern kommt es auf ökonomische Lösungen an, mit denen zugleich soziale Effekte erreicht werden können: Es geht um Automatisierungslösungen zur Steigerung der Arbeitsproduktivität, um die Einsparung von Arbeitsplätzen, um die Beseitigung monotoner, gesundheitsschädigender, körperlich schwerer Arbeit. Da interessiert die einfachste Lösung, und ist sie mit Typen möglich, die nicht freiprogrammierbar, dafür aber billiger sind, ist dieser Lösung in jedem Fall der Vorzug zu geben. Darum hat sich immer stärker die Auffassung durchgesetzt, daß die Abgrenzung der Industrie-Roboter-Technik im Rahmen der Manipulatortechnik nicht auf zu hoher Ebene erfolgen darf. Die Grenze ist dort zu ziehen, wo es sich im Gegensatz zu manuell gesteuerten Geräten (Handmanipulatoren, Hebezeuge) um maschinengesteuerte Manipulatoren handelt. Die Industrieroboter umfassen damit sowohl Typen, die fester Bestandteil z.B. von Maschinen oder technologischen Prozessen sind und über diese gesteuert werden, also in der Regel für eine genau bemessene Aufgabe bestimmt sind (prozeßspezifische Industrieroboter), als auch jene, die in einer oder in mehreren Bewegungsachsen freiprogrammierbar sind, eine entsprechende Flexibilität aufweisen, universal einsetzbar bzw. rasch umsetzbar sind (prozeßflexible Industrieroboter). Industrieroboter können demnach kurz bestimmt werden als Arbeitsmaschinen zur automatischen Handhabung von Werkstücken und Werkzeugen, die festprogrammiert oder freiprogrammierbar sind. Eine solche Auffassung liegt dem Beschluß des X. Parteitages der SED zugrunde, bis zum Jahre 1985 40 000 bis 45 000 Industrieroboter zu entwickeln und einzusetzen. [1)]

Natürlich gibt es zwischen den einzelnen Typen qualitative Unterschiede. Man unterscheidet drei Generationen. Die heute im Einsatz befindlichen Industrieroboter gehören zumeist der ersten Generation an. Es sind prozeßspezifische oder auch schon speichergesteuerte flexible Manipulatoren für Beschickungs- und technologische Aufgaben. Ihre Entwicklung ist nahezu abgeschlossen. Die zweite Generation verfügt über taktile und optische Sensoren. Diese Industrieroboter können in bestimmtem Maße "sehen" und "fühlen". Sie treten damit in eine aktive Wechselbeziehung zu ihrer Umwelt. Mit taktilen Sensoren ausgerüstete Industrieroboter z.B. verarbeiten während des Bearbeitungsprozesses aufgenommene Informationen und nutzen diese zur feinmotorischen Steuerung des Greifers. Das ist wichtig für Montagezwecke, z.B. für das Einfügen einer Welle in eine Bohrung. Hier tastet sich der Roboter gewissermaßen vor, korrigiert die Position des Greifers, um den Fügevorgang zu ermöglichen. Und die Entwicklung geht weiter. Künftig wird es Roboter geben, die mit einer ausgeprägten Wahrnehmungsmotorik versehen und fähig zu Entscheidungen im Rahmen eines vorgegebenen Programms sind, also ausgerüstet mit Elementen einer "künstlichen Intelligenz". Das ist besonders dann wichtig, wenn unterschiedliche Arbeitsgänge anfallen und der Industrieroboter (oder auch ein Computer, der eine Reihe von Industrierobotern steuert) erkennen muß, welche Formveränderungen an dem jeweils ankommenden Arbeitsgegenstand vorgenommen werden müssen, und es ist auch bedeutsam für den Vollzug automatisierter Montageprozesse. Ein solcher Roboter muß auf Störungen reagieren können, damit

1) Honecker, E.: Bericht des ZK der SED an den X. Parteitag, Berlin 1981, S. 56

nicht ein Arbeiter verurteilt ist, von Roboter zu Roboter zu eilen, um die Defekte seiner "eisernen Kollegen" zu beseitigen. Der Industrieroboter muß also fähig sein, die wahrscheinlichsten Fehler selbständig zu erkennen, zu korrigieren oder zumindest Informationen über die Fehlerursache geben zu können. Aber auch für komplizierte technologische Prozesse werden Industrieroboter mit adaptiven Steuerungen notwendig, z.B. für das Entgraten von Gußteilen. Taktile Sensoren und Bildschirmüberwachung müssen Informationen liefern, damit sich der Roboter der jeweiligen Grataus-prägung anpassen kann. Es sind Roboter der dritten Generation, deren Leistungsfähigkeit immer stärker von der Mikroelektronik abhängt. Die Mikroelektronik bildet die Grundlage der modernen Industrie-Roboter-Technik, besonders hinsichtlich ihrer entwickelten Typen. Andererseits ist hier auch Wechselwirkung. Die Industrie-Roboter-Technik verweist mit ihren Schwachstellen auf notwendige Entwicklungen in der mikroelektronischen Forschung selber, z.Zt. besonders auf dringend zu erbringende Leistungen der mikroelektronischen Informationsgewinnung im Interesse der Ausstattung der Industrieroboter mit leistungsfähigeren Sensoren. Mit ihren wachsenden "Fähigkeiten" werden sich die Industrieroboter immer neue Einsatzgebiete, auch über die der Industrie hinaus, erschließen. Wir werden sie bei der Rohstoffgewinnung (Kohlebergbau), der Unterwasserforschung wie der Weltraumforschung und in vielen anderen Bereichen mehr finden. Allerdings weist das "Generationsproblem" bei Industrierobotern eine Besonderheit auf: die höheren Generationen machen die ersteren nicht überflüssig. Sie sterben nicht - ganz im Unterschied zu den ersten Generationen so manch anderer technischer Mittel. Sie behalten ihren Platz überall dort, wo sie einfachen Aufgaben genügen. Insgesamt aber haben wir es mit einer relativ eigenständigen Richtung des technischen Entwicklungsprozesses zu tun, in dem sich eine bedeutende Entwicklung vollzieht und die ein breites Feld technikwissenschaftlicher Forschungs- und interessanter praktischer Ingenieurarbeit bietet.

Industrieroboter und die Kultivierung der menschlichen Arbeit

Unter unseren gesellschaftlichen Verhältnissen ist die Industrie-Roboter-Technik nicht nur Ausdruck eines produktionstechnischen Bedürfnisses bzw. notwendige Bedingung für die Steigerung unserer

ökonomischen Leistungskraft, sondern wichtiges Mittel für die Kultivierung des wichtigsten Wirkungsfeldes des Menschen im Interesse der Entfaltung seiner schöpferischen Fähigkeiten.
Die technische Entwicklung ist nicht Selbstzweck, sondern Mittel, "zur Erhöhung des Lebensniveaus der Menschen, zu ihrem geistigen Wachstum und zur Entfaltung ihrer schöpferischen Kräfte" [1] beizutragen. Die Menschen haben seit jeher Technik geschaffen, um ihre Existenzbedingungen zu erhalten und zu erweitern. Inwiefern sich diese Wesensbestimmung der Technik realisiert, wird freilich wesentlich bestimmt von den jeweiligen Produktions- und Machtverhältnissen. Hinsichtlich der kommunistischen Gesellschaft hat Marx das Ziel des technischen Schaffensprozesses mit den Worten umrissen, hierdurch den Stoffwechselprozeß "mit dem geringsten Kraftaufwand und unter den, ihrer menschlichen Natur würdigsten und adäquatesten Bedingungen" zu vollziehen. [2]

Diese Einheit von Rationalität und Humanität muß als der übergreifende Leitungs- und Bewertungsgrundsatz, als das allgemeine und entscheidende Kriterium für den wissenschaftlich-technischen Fortschritt in der kommunistischen Gesellschaft angesehen werden. Das schließt steigende Produktivität menschlicher Arbeit und den vernünftigen Umgang mit der Natur ebenso ein, wie die Entfaltung der menschlichen Fähigkeiten und Talente im Arbeitsprozeß. Es ist ein Vorzug unseres Gesellschaftssystems, über Bedingungen zu verfügen, die es erlauben und zugleich auch erfordern, notwendige technische Entwicklungsprozesse in dieser komplexen Weise dem gesellschaftlichen Fortschritt unterzuordnen. In der sozialistischen Rationalisierung muß sich technischer Fortschritt mit ökonomischer Effektivität und der Verbesserung der Arbeits- und Lebensbedingungen verbinden. Hierbei kommt der weiteren Ausprägung des sozialistischen Charakters der Arbeit, besonders über die Gestaltung der Arbeitsinhalte und solcher Arbeitsbedingungen, die die menschliche Gesundheit erhalten und die Arbeit selber immer mehr zu einer Sache der Selbstbestätigung und des Bedürfnisses werden lassen, besondere Bedeutung zu. Mikroelektronik und Industrie-Roboter-Technik entsprechen diesen Erfordernissen in besonderer Weise.

1) Programm der SED, Berlin 1975, S. 19
2) Marx, K.: Das Kapital, Bd. 3, in: MEW, Bd. 25, Berlin 1964, S. 828.

Wir lassen uns dabei von der Erkenntnis leiten, daß sozialistische Produktionsverhältnisse eine notwendige, aber noch nicht hinreichende Bedingung sind, um die Fähigkeiten des Menschen voll zur Geltung zu bringen und die Arbeit zum ersten Lebensbedürfnis werden zu lassen. Notwendige Bedingung insofern, als sich der Mensch nur in freier, d.h. von Ausbeutung freier Arbeit aufrichten kann, daß nur unter diesen Bedingungen die Arbeit zur Sache der "Selbstverwirklichung des Individuums" (Marx) und zur moralischen Verantwortung gegenüber der sozialistischen Gesellschaft werden kann. Andererseits ist der revolutionäre Umbruch in den sozial-ökonomischen Beziehungen noch nicht ausreichend, allen Menschen die gleichen Bedingungen ihrer Persönlichkeitsentwicklung zu schaffen. Aber er zeugt neue, die Entwicklung vorantreibende Widersprüche: So finden wir, daß sich der Arbeitsprozeß seinem sozial-ökonomischen Inhalt nach grundlegend verändert hat, während er unter technologischen Gesichtspunkten nicht prinzipiell anders abläuft als im Kapitalismus. Die Arbeit ist von Ausbeutung befreit, aber noch belastet mit der aus dem Kapitalismus herrührenden Trennung der vorwiegend oder ausschließlich körperlichen von der geistigen Arbeit. Wir sehen eine Differenz zwischen der erforderlichen und der vorhandenen Qualifizierung u.a.m.

Die Lösung dieser Widersprüche kann nur schrittweise und nicht anders als durch die weitere Ausprägung des sozialistischen Charakters der Arbeit erfolgen, besonders durch die Schaffung progressiver Arbeitsinhalte: persönlichkeitsfördernd, leistungssteigernd, beanspruchsoptimierend. [1] Diese Aufgabe erfordert beim heutigen Stand der Produktivkräfte den Einsatz der Mikroelektronik und der Industrieroboter.

Die Dringlichkeit dieser Aufgabe wird umso deutlicher, wenn wir uns vor Augen führen, daß gegenwärtig noch viele Menschen nur in geringem Maße geistig-schöpferisch tätig sind, und ein Teil ist glattweg unterfordert, d.h. eine nicht zu unterschätzende Zahl von Werktätigen hat noch keine progressiven Arbeitsinhalte. Wir brauchen also technische Lösungen, die den gewachsenen Qualifizierungsstand in Rechnung stellen, ihn fordern und abverlangen, die den Menschen herausnehmen aus dem Zwangsrhythmus des techno-

1) Pawloff, M.: Der Einfluß des wissenschaftlich-technischen Fortschritts auf den Inhalt und die Bedingungen der sozialistischen Arbeit. Schriftenreihe der Akademie für Gesellschaftswissenschaften beim ZK der SED, Reihe A, Heft 13, S. 44.

logischen Prozesses und ihn in einen Arbeitsraum stellen, der zuläßt, daß der Produzent sein Handeln in höherem Maße selber bestimmen, optimieren und organisieren kann. Beschickungsroboter entlasten von schwerer körperlicher, monotoner, aber auch gefährlicher Arbeit. Roboter zum Vollzug technologischer Prozesse befreien insbesondere von gefährlicher Gas-, Staub- und Hitzeeinwirkung. Ein bekannter früher Einsatzfall - der Einsatz der norwegischen Industrieroboter TRALLFA zum Spritzen der Karossen und Unterböden des "Trabant" im Sachsenring-Werk Zwickau - möge das verdeutlichen. Unter den Bedingungen der Handbedienung konnten weder eine gleichbleibende Oberflächenqualität erreicht, noch akzeptable Arbeitsbedingungen gesichert werden. Starke Schadstoffbelastungen, das Arbeiten mit Schutzmaske, die monotone und ermüdende Arbeit hatten zur Folge, daß ein hoher Grad an Erkrankungen, besonders der Luftwege und Atmungsorgane und trotz vieler Vergünstigungen eine starke Fluktuation auftraten. Der Einsatz der Industrieroboter brachte nicht nur eine Steigerung der Arbeitsproduktivität von 100%, eine Einsparung von Arbeitsplätzen sowie eine Erhöhung der Gebrauchswerteigenschaften, eine Verringerung der Nacharbeiten und Reklamationen, sondern darüber hinaus die Beseitigung der Schadstoffbelastung, eine Reduzierung einförmiger, ermüdender Tätigkeiten, den Wegfall der Bindung der Arbeitskräfte an den Arbeitstakt. Ohne Einsatz der Industrieroboter wären diese Effekte nicht möglich gewesen.

Das Beispiel ist durchaus repräsentativ, was viele andere Einsatzfälle belegen. Und es ist abzusehen, daß Industrieroboter, mit Erkennungssystemen ausgerüstet, in zunehmendem Maße in Montagebereichen Einzug halten und hier Arbeitsaufgaben übernehmen, die mit einem hohen Grad an Monotonie ablaufen. Alles in allem kann gesagt werden, daß Industrieroboter neue Möglichkeiten bieten, auf dem Wege der Reorganisation der menschlichen Arbeit voranzukommen. Insbesondere ermöglichen sie es, den Menschen aus der unmittelbaren Bindung mit der Maschine zu lösen und damit den technologischen Prozeß von den subjektiven Schranken seines Arbeitsvermögens zu befreien sowie mehr Raum für geistig-schöpferische Tätigkeiten zu schaffen.

Eine solch prinzipiell positive Verwertung modernster Technik für die Persönlichkeitsentwicklung der Produktionsarbeiter stellt nicht in Abrede, daß mit der Einführung der Mikroelektronik und Industrie-Roboter-Technik auch unter unseren gesellschaftlichen

Verhältnissen vielfältige und widersprüchliche Prozesse auftreten und sich nicht alles geradlinig in der gewünschten Weise vollzieht. Die Ursachen hierfür sind vielgestaltig, vor allem aber durch den technischen Entwicklungsgang selber objektiv bedingt. Andererseits aber laufen die sich hier vollziehenden Prozesse nicht in einer Weise ab, die alternative Lösungsmöglichkeiten ausschlössen. Striebing schreibt: "Wissenschaftlich-technische Lösungen, die den Anforderungen der sozialistischen Gesellschaft entsprechen, haben mehr und mehr bereits in der Phase der Konzipierung sozialistische Werte in ihrer Komplexität als Entscheidungskriterien zu berücksichtigen. Sie werden immer stärker nicht nur naturwissenschaftlich-technischen und ökonomischen Leistungsparametern unterworfen, sondern auch sozialen Bewertungsmaßstäben."[1] Er unterstreicht den Gedanken, daß auch im Sozialismus zwischen diesen Faktoren keine a priori gegebene "prästabilierte Harmonie" existiert.

Das Verständnis dieses objektiven, in sich selbst widersprüchlichen Sachverhaltes ist von nicht geringer Bedeutung für die Bewertung des wissenschaftlich-technischen Fortschritts und ein richtiges Verhalten zu ihm. Zum einen bewahrt es uns vor allzu einfachen Vorstellungen, mit der neuen Technik würde nun alles einfach, angenehm und besser.[2] Eine solche Annahme müßte sehr bald mit der Realität kollidieren und könnte dann leicht ins Gegenteil umschlagen und am Ende der Technik anlasten, was eines ihrer Durchgangsstadien geschuldet ist und gerade durch den Übergang zu komplexen Mechanisierungs- und Automatisierungslösungen zunehmend besser bewältigt werden kann. Solche undialektischen Verabsolutierungen notwendiger Etappen in der technischen Entwicklung bzw. vorhandener Technisierungslücken sind wenig zur konstruktiven Bewältigung der anstehenden Aufgaben geeignet. Zum anderen sind wir angehalten, negative, nicht gewollte Auswirkungen moderner Wissenschaft und Technik, auch der Mikroelektronik und Industrie-Roboter-Technik, nicht einfach als unabänderliche Konsequenz technischer Entwicklung hinzunehmen. Es kommt viel-

1) Striebing, L.: Wissenschaftlich-technischer und sozialer Fortschritt, in: DZfPh, Heft 10/1979, S. 1231

2) Vgl. Radtke, H.: Soziologische Probleme beim Einsatz der Mikroelektronik und Robotertechnik, in: Tagungsbericht der wissenschaftlichen Konferenz "Gesellschaftswissenschaftliche Probleme der automatischen bedienarmen Produktion, der Robotertechnik und der Mikroelektronik", Technische Hochschule Karl-Marx-Stadt 1982, S. 83

mehr darauf an, orientiert an den Zielen und Wertvorstellungen des Sozialismus, optimale technische Lösungen zu suchen und zu realisieren.

Alle bisherigen Erfahrungen mit der Automatisierung weisen Vorstellungen eines Zwangslaufes hinsichtlich der Durchsetzung progressiver Arbeitsinhalte zurück. Die Übertragung von Funktionen auf die Maschine kann die Arbeitsbedingungen sowohl günstig als auch ungünstig beeinflussen. Schon die Einführung der NC-Werkzeugmaschine in den 60er und 70er Jahren offenbarte den widersprüchlichen Gang des wissenschaftlich-technischen Fortschritts in dieser Frage: Eine beträchtliche Steigerung der Arbeitsproduktivität ging einher mit einer Verarmung der Arbeitsinhalte, alte Facharbeiterfähigkeiten und -fertigkeiten wurden entwertet, Bedienungsaufgaben überwogen. Heute aber zeichnen sich Lösungen ab, die seinerzeit noch kaum gesehen werden konnten, nunmehr auch die Beschickungsaufgaben Maschinen, z.B. Industrierobotern, zu übertragen.

Oder ein anderes Beispiel: Mikroelektronik wird manch schwere, einförmige und geistige Routinearbeit hinfällig machen. Aber die Produktion elektronischer Bauelemente selbst ist zur Zeit noch mit beträchtlichen Erschwernissen verbunden, wie z.B. mit hoher Bewegungsarmut, mit z.T. starker Vereinseitigung der Tätigkeit und mit psychonervalen Belastungen durch Arbeit bei künstlichem Licht und unter dem Mikroskop. Aber ist es vermessen zu behaupten, daß auch diese Tätigkeiten einmal der Vergangenheit angehören werden?

Wie man sieht, wirft jede Technisierungsstufe neue soziale Probleme auf. Auch die Industrie-Roboter-Technik löst nicht nur schwere, gesundheitsschädigende oder monotone Arbeit ab, sondern auch qualifizierte Facharbeitertätigkeit, z.B. Schweißarbeiten. Es werden mitunter auch Erscheinungen der Monotonie neu reproduziert, es treten Belastungen durch technologisch bedingte Schichtrhythmen auf, ehe weiterreichende Lösungen schrittweise erschlossen werden. Bei aller Faszination durch moderne Technik haben wir doch immer zu bedenken, daß Erschwernisse neuer Art auftreten können, ohne daß hierfür sogleich eine Lösung parat ist und daß die Verrichtung solcher Tätigkeiten nicht menschenunwürdig ist und hohe gesellschaftliche Wertschätzung verdient. Ja generell ist vor illusionären Vorstellungen zu warnen, etwa der Art. daß es mittels Mikroelektronik und Industrie-Roboter-

Technik in der nächsten Zeit - wenn überhaupt - möglich wäre, Vereinseitigung im Arbeitsprozeß jeglicher Art auszuschalten. Der Ausgleich durch aktive Teilnahme an der Arbeitsprozeßgestaltung und Lebensprozeßgestaltung überhaupt dürfte immer eine Bedeutung behalten.
Dennoch sind diese notwendigen Hinweise kein Alibi für das Unterlassen des heute bereits Möglichen hinsichtlich der Gestaltung unserer Arbeitskultur. Die Menschen entwickeln im Zuge des technischen und gesamtgesellschaftlichen Fortschritts einen immer größeren Reichtum ihrer Bedürfnisse, der sich immer mehr auch auf die Bedingungen der Arbeit bezieht. Zum anderen schaffen die modernsten technischen Entwicklungsrichtungen zunehmend bessere Voraussetzungen, diesen Bedürfnissen zu entsprechen. Die Suche nach Alternativen, nach geeigneten Varianten in der technischen Gestaltung, die oftmals auf einen Kompromiß hinauslaufen müssen zwischen technisch Möglichem, ökonomisch Vertretbarem und sozial Erstrebenswertem, wird eine gesellschaftliche Daueraufgabe sein. So wird z.B. ein Restbestand an manuellen Tätigkeiten auch bei entschlossenem Kurs auf die Automatisierung im Maschinenbau bestehen bleiben. Damit stellen sich eine Reihe von Fragen: Sollen wir die Menschen in das technologische Regime einfügen, sie zwingen, im Rhythmus des Roboters zu arbeiten oder ist das unbedingt zu vermeiden? Sollen wir sie auf Bedienungsaufgaben festlegen und damit doch wiederum nur zum Lückenbüßer einer unvollkommenen Technologie degradieren mit all den absehbaren Folgen (Unlust, Stress, Gefährdung der Gesundheit) oder ihnen einen Arbeitsraum schaffen, in dem die Möglichkeit besteht, die auch weiterhin notwendigerweise zu verrichtenden manuellen Tätigkeiten mit anderen zu kombinieren (Überwachung, Wartung, Instandhaltung usw. oder auch Übernahme von Aufgaben der Produktionsvorbereitung oder der Leitung) und damit ein höheres Maß an Spielraum und Selbstbestimmung im Arbeitsprozeß selber zu erreichen? Ist einer solchen Lösung nicht unbedingt der Vorzug zu geben gegenüber der Projektierung von Arbeitsplätzen, bei denen durch bloße oder vorwiegende Überwachungsfunktionen Arbeitsvermögen verschenkt wird und Einförmigkeit dominiert? Es ist wohl in jedem Einzelfall sorgfältig zu prüfen, ob nachteilige Auswirkungen hinsichtlich des Arbeitsinhaltes mit der gegenwärtig vorhandenen Ausstattung an Technik in Kauf genommen werden müssen oder ob sich diese mit den

inzwischen schon vorliegenden Ergebnissen der Arbeitswissenschaften vermeiden lassen.
Entscheidend ist, daß mit den Möglichkeiten der Mikroelektronik und Industrie-Roboter-Technik ein neues Herangehen an den technischen Entwicklungsprozeß geboten ist. Besonders gilt es, die Arbeitstätigkeiten und -bedingungen von vornherein in die technische Aufgabenstellung zu integrieren, die Bedürfnisse der Menschen, ihre Potenzen und Grenzen dem technischen Projekt zugrundezulegen und nicht im Nachhinein den Platz der Menschen in der Produktion zu bestimmen. Der massenhafte Einsatz moderner Automatisierungstechnik ermöglicht und erfordert, die Position "Das kann die Maschine nicht, das muß der Mensch machen" aufzugeben und zu der Position überzugehen "Das kann man dem Menschen nicht zumuten, das muß die Maschine machen". Wir müssen wegkommen von einer Praxis, die dem Menschen überläßt, was die Maschine nicht so recht kann und hinkommen zum schrittweisen Aufbau eines Mensch-Maschine-Systems, das produktiven Erfordernissen genauso gerecht wird wie sozialen Aspekten. Allein in dieser Herangehensweise realisiert sich die Einheit von Rationalität und Humanität, die dem Sozialismus wesenseigen ist, sich aber nur verwirklicht, wenn Menschen in diesem Sinne bewußt und zielstrebig tätig sind. Insofern unterscheidet sich Ingenieurarbeit in unserem Land schon wesentlich von der im Kapitalismus. Das Bedenken der sozialen Komponente ist dem technischen Schaffensprozeß nichts Äußerliches, wohl aber eine Absage an borniertes "Nur-Spezialistentum", ein hoher Anspruch an die weltanschauliche Bewußtheit des sozialistischen Fachmannes.

"Die bürgerliche Gesellschaft gleicht dem Hexenmeister ..."

Die Anwendung der modernsten Ergebnisse der Natur- und Technikwissenschaft erfolgt bekanntlich im Kapitalismus ebenso wie im Sozialismus. Natürlich kann nicht von kapitalistischer oder sozialistischer Mikroelektronik oder Robotertechnik gesprochen werden. Aber bekanntlich folgt die technische Entwicklung nicht eigenen, sondern vom Menschen gesetzten Zwecken, und das bedeutet für unsere heutige Zeit, daß sie klassenmäßig bestimmten Zielen untergeordnet ist. Gerade hinsichtlich der Anwendung der genannten Katalysatoren der wissenschaftlich-technischen Revolution treten in Abhängigkeit von den sozialökonomischen Verhält-

nissen recht unterschiedliche Ziele und Motive zutage und es kommt zu kraß divergierenden sozialen Konsequenzen.
Wie im Kapitalismus alle Automatisierung dem Ziel der Kapitalverwertung untergeordnet ist, so hat auch die Anwendung der Mikroelektronik und Robotertechnik vor allem einer Maximierung des Profits zu dienen. Man kann dem Vorsitzenden der BRD-Gewerkschaft Druck und Papier nur zustimmen, wenn er sagt, daß der technologische Fortschritt als Ausdruck seiner Verselbständigung "fast ausschließlich von den Gesetzen der 'Plusmacherei', von der 'Peitsche des Profits' diktiert wird".[1] Mikroelektronik und Industrie-Roboter-Technik treten dem Arbeiter in kapitalistischer Anwendung als feindliche Macht, als "machtvolle Kriegsmittel" des Kapitals, als "Methode der Schweißauspressung" (Lenin) entgegen. Daran ändert auch die besonders zu Beginn der 70er Jahre in der BRD geführte und auch regierungsoffiziell in der BRD betriebene Erörterung von Fragen einer "Humanisierung der Arbeitswelt" nichts.[2] Wenn seinerzeit der Staatssekretär im Bundesministerium für Wirtschaft forderte, daß die technische Entwicklung ihren Sinn darin sehen soll, dem Menschen das Leben zu erleichtern, die Arbeit einfacher zu machen, mehr Freizeit zu ermöglichen, die Arbeit dem Menschen anzupassen u.a.m. [3], dann sind das wohl richtige Forderungen, aber eher Mittel der Täuschung denn realisierbares Programm angesichts des Sachverhaltes, daß das Kapital seinem Wesen nach hierfür kein Verständnis aufzubringen vermag. Unter marktwirtschaftlichen Gesichtspunkten muß der Profit stimmen. Humanitätsgründe werden zwar gern in den Vordergrund gestellt, um einen harten Kurs verstärkter Ausbeutung zu verschleiern, die unterschiedliche Interessenlage zwischen Arbeit und Kapital zu verdecken und sozialen Konfliktstoff möglichst zu vermeiden. Tatsächlich aber gilt der Mensch hier lediglich als Faktor der Produktion, als Objekt, und da er heute das Maß an Daten, Nachrichten, Signalen in ihrer wachsenden Komplexität oder die manuelle Handhabung von Werkstücken nicht mehr zu bewältigen vermag, muß er

1) Zitiert nach: Kapitalistischer Rationalisierung: Die Auswirkungen auf die Werktätigen, in: Probleme des Friedens und des Sozialismus, Heft 6/1979, S. 60.

2) Vgl. dazu Adler, F.: Aktuelle Tendenzen in der Diskussion um die "Humanisierung der Arbeit" in der BRD. in: Schriftenreihe der Akademie für Gesellschaftswissenschaften beim Zentralkomitee der Sozialistischen Einheitspartei Deutschlands, Reihe A, Heft 34, S. 159 - 176.

3) VDI-Zeitschrift Nr. 16/1973, S. 1243 - 1248.

aus dem Produktionsprozeß ausgegliedert werden, zumal Computer und Roboter im Gegensatz zum Menschen weder Lohnanforderungen stellen, noch soziale Leistungen verlangen oder gar streiken und überhaupt zuverlässiger sind, wie in westlichen Werbeprospekten zu lesen ist. Mikroelektronik und Industrieroboter werden zu einem Instrument rücksichtsloser Substitution von Arbeitern, und das bedeutet bei den gegenwärtigen rückläufigen Tendenzen der meisten kapitalistischen Industrieländer immer verstärkte Arbeitshetze und Ausbeutung und vor allem eine Verschärfung der Massenarbeitslosigkeit.
Ideologen der herrschenden Klasse suchen diesen Sachverhalt nicht selten zu verharmlosen. Da wird auf Anfangsschwierigkeiten verwiesen, die es immer gegeben habe bei der Einführung neuer Technik und daß im Laufe der Zeit mit einer gestiegenen Nachfrage und neuen Märkten auch neue Arbeitsplätze geschaffen worden seien. Bei 600 im Einsatz befindlichen Industrierobotern (BRD, April 1978) habe der Freisetzungseffekt fast kaum soziale Auswirkungen, sagt H.J. Warnecke.[1] Aber dem wird selbst von bürgerlicher Seite widersprochen: Mit dem Hinweis, daß die durch die Mikroelektronik ausgelösten Rationalisierungseffekte auch vor der Dienstleistungssphäre nicht haltmachen und darum nicht nur ein Auffangbecken für freigesetzte Industriearbeiter entfällt, sondern eine zusätzliche Quelle für Arbeitslose entsteht, daß eine Rückkehr zu den Wachstumsraten der vergangenen Jahrzehnte unwahrscheinlich ist u.a.m., wird eine langanhaltende Periode umfangreicher Arbeitslosigkeit angenommen.

Bedenkt man, daß z.B. allein ein Industrieroboter in Abhängigkeit vom Grad der Schichtauslastung bis zu 4 Arbeitskräfte freisetzt und bei integrierten Fertigungssystemen 80 bis 90% der heute noch von Menschen ausgeführten Tätigkeiten von technischen Systemen übernommen werden können, daß im Zusammenhang mit besseren Sensoren und einer größeren Verfügbarkeit robotergerechter Werkzeugmaschinen mit einem steilen Anstieg des Einsatzes von Industrierobotern zu rechnen ist, erscheint eine düstere Einschätzung der Beschäftigungslage eher eine realistische zu sein. Hinzu kommt, daß es die Unternehmensleitung nicht einmal für notwendig hält, den Betriebsrat über vorgesehene Rationalisierungs-

1) Vgl. Interview mit Warnecke, H.J.: Metall. Heft 4/1978.

vorhaben zu verständigen. Frühzeitige Informationen haben Seltenheitswert, werden oftmals nur zur nachträglichen Beruhigung geboten, die betroffenen Arbeiter nicht einmal gefragt, geschweige denn, daß man die oftmals schwerwiegenden sozialen Probleme mit ihnen rechtzeitig klärt.[1] Alles deutet darauf hin, daß vor dem Hintergrund eines sich verschärfenden Grundwiderspruchs des Kapitalismus die objektiv bedingte soziale Unsicherheit wächst und die Spannungen im Gebiet der sozialen Beziehungen größer werden - verbunden mit all den Ängsten, die die Gefahr des sozialen Abstieges für Millionen von Menschen in sich birgt.

"Die bürgerlichen Produktions- und Verkehrsverhältnisse, die bürgerlichen Eigentumsverhältnisse, die moderne bürgerliche Gesellschaft, die so gewaltige Produktions- und Verkehrsmittel hervorgezaubert hat, gleicht dem Hexenmeister, der die unterirdischen Gewalten nicht mehr zu beherrschen vermag, die er heraufbeschwor. Seit Dezennien ist die Geschichte der Industrie und des Handels nur noch die Geschichte der Empörung der modernen Produktivkräfte gegen die modernen Produktionsverhältnisse, gegen die Eigentumsverhältnisse ...".[2]

Diese Sätze in der Geburtsurkunde des wissenschaftlichen Kommunismus sind weit über 100 Jahre alt, und sie sind immer noch zutreffend. Es war jedoch schon immer eine Illusion und heute nicht minder, anzunehmen, daß der Kapitalismus an dem sich entfaltenden Antagonismus von Produktionskraftentwicklung und kapitalistischen Eigentumsverhältnissen automatisch zugrundegehen würde. Vielmehr war der Kapitalismus und ist heute der Imperialismus durchaus in der Lage, mit diesem "Grundkonflikt" weiterzuleben und dabei die Menschen von Katastrophe zu Katastrophe zu schleifen, wenn er nicht durch Aufbietung revolutionärer Gewalt daran gehindert bzw. überwunden wird. Auch den weiteren profitorientierten und konkurrenzdeterminierten technischen Fortschritt sichert sich der Imperialismus durch nationale und internationale Monopolbildung, durch die Verschmelzung von Staat und Monopol, die monopolorientierte staatliche Wissenschafts- und Technologiepolitik, durch sein gefährliches Streben nach militärischer Überlegenheit über den Sozialismus. Rigoros werden die dem Kapitalismus eigenen Triebkräfte wie Profit und Konkurrenz ausgenutzt, um Leistung

1) Vgl. Friedrichs, G.: Soziale und wirtschaftliche Aspekte bei Verwendung von Industrierobotern, in: Rationalisierung, Heft 9/1973.

2) Marx/Engels: Manifest der Kommunistischen Partei, MEW, Bd. 4 Berlin 1964, S. 467

zu erzwingen. Gerade die soziale Unsicherheit wird zu einem Druck- und Disziplinierungsmittel und bewirkt eine ungeheure Verschärfung der Ausbeutung, gar nicht zu reden von solchen schmutzigen und zutiefst ahumanen Quellen ihrer technischen Entwicklung, wie die Ausplünderung unterentwickelter Länder, der Gast- und Frauenarbeit u.a.m.

Mit alledem hofft der Kapitalismus auf eine Stabilisierung seiner Macht, aber gerade hierdurch untergräbt er seine Existenzgrundlagen immer mehr. Der wissenschaftlich-technische Fortschritt erweist sich geradezu als Katalysator der Widersprüche des Kapitalismus. Es ist eben ein Gesetz der kapitalistischen Produktionsweise, daß der tendenzielle Fall der Profitrate durch eine immer effektivere Produktionstechnik aufgehalten werden soll. Marx spricht deshalb von einem Fortschritt der Industrie, "dessen willenloser und widerstandsloser Träger die Bourgeoisie ist". [1]

Das bedeutet nicht, daß die Bourgeoisie ihn nicht bewußt vorantriebe. Die Anwendung der Mikroelektronik und der Industrie-Roboter-Technik spielt in der Unternehmensstrategie der Monopole eine zentrale Rolle. Vielmehr meint Marx damit, daß die Bourgeoisie technischen Fortschritt bei Strafe ihres Untergangs machen bzw. machen lassen muß, damit aber gesellschaftliche Folgen auslöst, die das Profitsystem als ein zu beseitigendes weltgeschichtliches Hindernis für gesellschaftlichen Fortschritt praktisch nachweisen. F. Rapp, ein Vertreter der bürgerlichen Technikphilosophie, die sich vor allem an Ingenieure und am technischen Fortschritt Interessierte wendet, reflektiert die mit dem wissenschaftlich-technischen Fortschritt in kapitalistischer Anwendung zutage tretenden Widersprüche so:"Die technische Entwicklung ist ... durch eine eigentümliche <u>Paradoxie</u> gekennzeichnet: Die einzelnen technischen Systeme und Prozesse kommen durch wohlüberlegte, planvolle und zielgerichtete Maßnahmen zustande. Diesem systematischen und methodischen Vorgehen, bei dem jeweils vom neuesten Stand der (ingenieur)wissenschaftlichen Forschung Gebrauch gemacht wird, verdankt die moderne Technik gerade ihre Leistungsfähigkeit ... Die so hergestellten technischen Gebilde

1) Ebenda, S. 447

werden aber dann - bildlich gesprochen - in den Strom des sozialen und kulturellen Geschehens entlassen, wo sie im Zusammenwirken mit anderen technischen Systemen eine Eigendynamik entfalten, die weit über die ursprünglich intendierte ingenieurwissenschaftliche Aufgabenstellung hinausreicht. Auf diese Weise entsteht dann die Situation, daß die vom Menschen im einzelnen zielstrebig hervorgebrachte Technik ihm gleichwohl in ihrer Gesamtheit als eine anonyme, unkontrollierbare Instanz gegenübertritt, die nur ihren eigenen immanenten Entwicklungsgesetzen zu unterliegen scheint: Der Zauberlehrling wird die Geister, die er rief, nicht mehr los." [1)]

Allein, es liegt nicht daran, daß ihnen das Wort abhanden gekommen ist, und mit Beschwörung und bloßer Kritik ist dem Paradoxon nicht beizukommen. Marx und Engels, die das gleiche Bild wählten, wußten das deutlicher zu sagen: Sie sprachen von der Empörung der modernen Produktivkräfte gegen die kapitalistischen Produktionsverhältnisse, und allein durch die Schaffung sozialistischer Produktionsverhältnisse, die dem heutigen Stand der Produktivkräfte adäquat sind, ist das Paradoxe kapitalistisch angewandter Technik zu überwinden.

Mikroelektronik und neue Technologie im Blickwinkel spätbürgerlichen Denkens

Dieser Dualismus von technischer Macht und Ohnmacht zur Beherrschung der gesellschaftlichen Verhältnisse, wie er für die kapitalistische Gesellschaft insgesamt typisch ist, findet in der Technikphilosophie und den bürgerlich-ideologischen Reflexionen über den technischen Fortschritt variantenreich Ausdruck. Wir wollen uns hier nur auf solche Stimmen und Richtungen beschränken, wo sich Ingenieure und Technikwissenschaftler gezwungen sehen, Gedanken über die soziale Seite des technischen Fortschritts zu produzieren und nach Handlungsalternativen im technischen wie gesellschaftlichen Fortschritt zu fragen.

Solche Fragen, die engagiert sowohl von etablierten Vertretern der Technikwissenschaft, in zunehmendem Maße aber auch von jungen Wissenschaftlern und Ingenieuren vorgetragen werden, stellen sich ihnen vor dem Hintergrund der zugespitzten Widersprüche des

1) Rapp, F.: Sachzwänge und Wertentscheidungen, in: G. Ropohl und andere: Maßstäbe der Technikbewertung, Düsseldorf 1978, S. 94 f.

Kapitalismus, die ihren Ausdruck auch und vor allem in der offenkundigen Unfähigkeit zur sozialen Bewältigung der wissenschaftlich-technischen Revolution findet:

1. Der Imperialismus unterwirft die wissenschaftlich-technische Revolution primär den Interessen des militärisch-industriellen Komplexes. Das resultiert aus dem Streben nach Maximalprofit, das sich im Rüstungsbereich höher und langfristig realisieren kann. Die Profitrate im zivilen beträgt 8 - 10%, im militärischen Bereich 30 - 40%! Weiter wird sich die wachsende Aggressivität des Imperialismus gegenüber dem Sozialismus und den imperialistischen Konkurrenten im Ausweiten des militärischen Potentials erweisen und hier besonders als wissenschaftlich-technische Revolutionierung der Waffensysteme. Da militärische Produkte ungefähr 20mal so forschungsintensiv sind wie zivile, muß das Forschungspotential des Imperialismus in diesem Bereich konzentriert werden. Die wissenschaftlich-technische Revolution im Militärwesen des Imperialismus tendiert auf Vernichtung der Menschheit.

2. Weder der Vorlauf noch das Nutzen der Ergebnisse der wissenschaftlich-technischen Revolution kann gesamtgesellschaftlich geplant werden. Die Konkurrenz der nationalen und internationalen Monopole sowie die daraus resultierende, notwendig kurzsichtige Politik der imperialistischen Staaten sowie der sie tragenden Monopole lassen den gesellschaftlichen Verlauf der wissenschaftlich-technischen Revolution als unberechenbaren Zufallsprozeß erscheinen, in dem immer die Interessen des Kapitals zuerst realisiert werden und die Werktätigen nachträglich ihre Interessen geltend machen müssen.

3. Die kapitalistische Art und Weise, in der die industrielle Entwicklung und die wissenschaftlich-technische Revolution vorangetrieben wird, ist die Ursache für die Vielfalt globaler Probleme und bedroht die Existenz der Menschheit. Insbesondere das durch Hochrüstung und konsumtive Verschwendung forcierte Vernutzen von Rohstoff- und Energieressourcen, wie es die USA "musterhaft" betreiben, oder durch die imperialistische und neokolonialistische Deformation der Industrie-

und Volkswirtschaftsstruktur der Entwicklungsländer, werden der Menschheit noch große Probleme weit in die Zukunft erwachsen.

4. Es widerspricht den Interessen des Kapitals, die Herauslösung der unmittelbaren Produzenten aus der industriellen Vorbereitung der Produktion und dem Fertigungsprozeß in eine Entwicklung überzuleiten, in deren Verlauf sich die arbeitenden Menschen zu Beherrschern des gesellschaftlichen Produktionsprozesses erheben. Es ist für den Kapitalismus typisch, daß er der technischen Entwicklung große Aufmerksamkeit widmet, jedoch die Menschen von ihm nur als zu heuernde Arbeitskräfte, als zu deformierende Konsumenten und politisch-ideologisch zu manipulierende Unpersonen behandelt werden.

Zusätzlich können wir einschätzen, daß die wissenschaftlich-technische Revolution nicht nur die Produktionsarbeiter trifft, sondern mehr und mehr auch die Angestellten und die Intelligenz. Die über Jahrzehnte wenig veränderte Arbeitssituation letzterer Gruppen ist beendet. Die vor allem mit moderner elektronischer Informationstechnik und komplexer Vernetzung der informationellen Beziehungen engere Bindung an den Gesamtprozeß der Produktion, die Intensivierung der Arbeit vermittels dieser Techniken, die damit verbundene Taylorisierung und minutiöse Kontrolle durch das regierende Kapital u.a.m. haben die Angestellten und große Teile der technischen Intelligenz aus der bevorzugten Stellung - "Partner" des Kapitals zu sein - entlassen. Im Grunde finden wir einen durch technischen Fortschritt forcierten Prozeß der Proletarisierung von Mittelschichten bzw. des Kleinbürgertums vor. Immer dann werden die betroffenen Angehörigen der Intelligenz aktiv, wenn sich ihr sozialer Abstieg ins Proletariat vollzogen hat oder er drohend bevorsteht. Ihr Blick für die neuen Entwicklungen schärft sich, ihre Diskussionen und Publikationen zeugen von der Suche nach tragfähigen geistigen Konzepten. Wir beobachten eine Lockerung der traditionellen Bindung an das Kapital und begegnen auch schon engagierter politischer Aktivität. Dennoch kann nicht übersehen werden, daß oft noch anzutreffende elitäre Positionen, ein durch die berufliche Arbeit geförderter Individualismus ein Hemmschuh bei der Einordnung in die Organisationen der Arbeiterklasse ist. Das Ausbrechen aus dem antimarxistischen weltanschaulichen Pluralismus in Richtung des Marxismus-Leninismus ist ein gerade erst beginnender Lernprozeß, und oft verbietet eine durch monopolistische Manipulierung aufgenötigte antikommunistische Sicht des realen Sozialismus das Erwerben der historisch notwendigen Perspektive, die erst dem eigenen Denken und den praktischen Aktionen die nötige Treffsicherheit zu geben vermag. Wir können aber einschätzen, daß die überwiegende Mehrzahl aktueller Diskussionen den Charakter einer bürgerlichen Kapitalismuskritik besitzt und von humanistischer Sorge um die Zukunft der Menschheit getragen ist.

Neben der marxistisch-leninistischen Untersuchung und Diskussion [1] gibt es u. E. mindestens vier Diskussionsweisen zum wissenschaftlich-technischen Fortschritt, in denen ernsthafter Sorge um die Zukunft der Menschheit Ausdruck verliehen wird.

1. Es wird nach den Perspektiven der Menschheit unter den objektiven Bedingungen der wissenschaftlich-technischen Revolution gefragt und wie dieser ganze Prozeß einer humanen Beherrschung zugeführt werden kann. Ausgeblendet wird dabei fast immer die soziale Qualität der Gesellschaft, der real existierende Sozialismus, die Lösungen werden in der Regel im zu verändernden Individualverhalten der Wissenschaftler und Ingenieure gesucht, in einem zu verändernden Bildungs- sowie Erziehungssystem und / oder in zu verändernden moralischen Qualitäten der Politiker und der Intelligenz. Die Analyse der Komponenten und realen Perspektiven des technischen Fortschritts ist realistisch und wissenschaftlich niveauvoll. Sozialpolitisch wird aber die Intelligenz als die führende Kraft an der Spitze des historischen Fortschritts gesehen und die Arbeiterklasse (als Arbeitnehmer bezeichnet) als betroffene oder leidende Menge betrachtet, der geholfen werden muß. Wir haben damit eine historische Analogie zum "utopischen Sozialismus" vor Marx. Typisch für solche Diskussionen ist der neue Bericht an den Club of Rome über die gesellschaftliche Rolle der Mikroelektronik. [2]

1) IMSF (Hrsg.):Technik - Umwelt - Zukunft. Eine marxistische Diskussion über Technologie-Entwicklung, Ökologie, Wachstumsgrenzen und die "Grünen", Reihe: Marxismus aktuell 147, Frankfurt/M. 1980
2) Friedrichs, G.; Schaff, A. (Hrsg.): Auf Gedeih und Verderb. Mikroelektronik und Gesellschaft. Bericht an den Club of Rome, Wien - München - Zürich 1982.

2. Eine andere, in wachsendem Maße anzutreffende Betrachtungsweise, wie sie vor allem von Gewerkschaften sowie jungen Ingenieuren und Naturwissenschaftlern vertreten wird, ist, daß die technische Entwicklung als objektiv akzeptiert, aber zugleich die Frage erhoben wird, wie (kapitalistischer) Mißbrauch des technischen Fortschritts vermieden werden kann. Es wird dabei ernsthaft diskutiert, ob die Realisierung bestimmter technischer Möglichkeiten vermieden werden muß, um dem Kapital Unterdrückungs- und Ausbeutungsinstrumente vorzuenthalten. Weiter wird danach gesucht, die Arbeit als entscheidende menschliche Lebensäußerung in ihrer Vielseitigkeit zu erhalten und nur solche technische Hilfsmittel zuzulassen, die ausgeglichene menschliche Tätigkeit (Wechselspiel verschiedener Technikphasen, Vielfalt von Arbeitsinhalten und Eigendisposition) ermöglichen. Die Gewerkschaften erheben in diesem Sinne die Forderung nach Mitbestimmung bei Entwicklung und Einführung neuer Technik, ohne den Kapitalismus selbst in Frage zu stellen.

3. Nie verstummt, aber heute mit Vehemenz auftretend, sind solche Ideologen, die den gegenwärtigen und absehbaren Stand der technischen Entwicklung als eine durch den Kapitalismus (Sozialismus) hervorgebrachte Fehlentwicklung einschätzen und nach dem notwendigen Grad des gesellschaftlich zu organisierenden Rückschritts fragen, der wieder nichtkapitalistische (nichtsozialistische) Lebensverhältnisse ermögliche. Grundfehler dieser Ideologen ist die unsinnige Annahme, daß gesellschaftliche Verhältnisse vollständig in technische Prozesse implantiert seien. Da die Wissenschafts- und Technikentwicklung im Kapitalismus und Sozialismus insgesamt analog verlaufen, setzen diese Ideologen kurzschlüssig Kapitalismus und Sozialismus als identisch und reihen sich ein in den Chor der imperialistischen Diffamierer des realen Sozialismus.

4. Schließlich finden wir auch total pessimistische Vorstellungen, die die ganze Technik- und Industrieentwicklung als einen gegen den Menschen gerichteten Zwangslauf interpretieren. Die Entwicklung der Mikroelektronik ende in einer Vercomputerisierung des Menschen und damit seiner Entmenschlichung. Dagegen helfe nur der engagierte Verzicht auf die Industrialisierung und der "Ausstieg" aus der Gesellschaft.

Wenden wir uns Vertretern dieser Auffassungen und ihrer Einschätzung der Rolle der Mikroelektronik zu.
Im Bericht an den Club of Rome stellt Alexander King mit Recht die Frage: "Ist der enorme Aufschwung der Mikroelektronik und ihrer Anwendungsmöglichkeiten Auslöser einer neuen großen Diskontinuität in der wirtschaftlichen und daher auch in der sozialen Entwicklung, oder handelt es sich bloß um den gewöhnlichen weiteren Fortschritt der technologischen Entwicklung von heute aufgrund wissenschaftlicher Erfindungen? ... sollte sich der revolutionäre Charakter der Mikroelektronik als Realität herausstellen, müßte die Gesellschaft sich zumindest so weit über die Konsequenzen im Klaren sein, daß sie in der Lage ist, diese Entwicklung zum Nutzen der Menschheit zu steuern."[1] Ohne den Sozialismus als die Alternative zum Imperialismus zu erkennen, so empfindet doch King die in der wissenschaftlich-technischen Revolution vorhandene Tendenz des Zwanges zur Überwindung heutiger spätbürgerlicher Gesellschaftsverhältnisse. "Betrachtet man einige Haupttendenzen der heutigen Gesellschaft, die wohl anhalten werden, so darf man annehmen, daß wir in eine bedeutsame Übergangsperiode eintreten, die dreißig bis fünfzig Jahre dauern kann, ehe sie in einem völlig andersartigen Typus der Weltgesellschaft mündet, eine Weltgesellschaft mit viel mehr Menschen, veränderten Werten, neuen politischen und administrativen Strukturen, völlig neuartigen Formen institutionellen Verhaltens und einer technologischen Basis, die völlig anders sein wird als die uns heute vertraute und den Lebensstil aller Nationen und Kulturen von Grund auf beeinflussen wird." [2]Er meint, daß die grundlegende Frage darin bestehe, "ob die Regierungen, mit Unterstützung einer informierten öffentlichen Meinung, imstande sein werden, die neuen Möglichkeiten der Mikroelektronik bewußt und gewissenhaft zur Schaffung einer besseren Gesellschaft einzusetzen und sich nicht bloß passiv an ihren jeweiligen Auswirkungen zu beteiligen" [3]. Heute, so meint er, befänden wir uns in der "Frühphase der Entwicklung zur Mikroprozessoren- und Informationsgesellschaft" und hätten große Schwierigkeiten beim Erkennen der "sozialen und individuellen Auswirkungen der mikroelektronischen Revolution". Er sieht

1) King, A.: Einleitung: Eine neue industrielle Revolution oder bloß eine neue Technologie? in: Ebenda S. 23

2) Ebenda S. 31

3) Ebenda S. 36

als mögliche Gefahr eine scharfe Scheidung "zwischen wenigen Wissenden und vielen Unwissenden", "Isolation und Selbstentfremdung" des Menschen durch weitgehend passive Position in den informationstechnischen Zusammenhängen, die ihn von früher Jugend formen und soziale Kontakte erschweren. Weiter "besteht ... begründeter Anlaß zur Sorge, daß wir einer langanhaltenden Periode umfangreicher und wahrscheinlich endemischer Arbeitslosigkeit entgegengehen, die zu einem großen Teil die Folge der durch die Mikroelektronik ermöglichten Automaten sein wird. ... Die Ära der Mikroprozessoren hat bereits begonnen, auf Gedeih und Verderb".[1] Mit "optimistischer Haltung", so betonen King, Schaff und andere Autoren, sehen sie eine erreichbare Welt, "frei von Armut und weitgehend befreit von der Mühsal physischer Arbeit". Die Verwirklichung dieses "Traumes" (so die Autoren!) "verlangt von den führenden Politikern Verständnis und Voraussicht, Weisheit und Realismus, von Regierung, Management, Gewerkschaften und Wissenschaft eine kreative Partnerschaft auf der Grundlage des gemeinsamen Eigeninteresses und von der breiten Öffentlichkeit ein höheres Maß an Bewußtsein dessen, was auf dem Spiel steht".[2] Kritik hat dieser Bericht an den Club of Rome bei den Monopolen ausgelöst, weil bei der Diskussion des Arbeitslosigkeitsproblems Forderungen der Gewerkschaften nach Arbeitszeitverkürzung, Verkürzung der Lebensarbeitszeit, persönlichkeitsfördernder Freizeitgestaltung und gerechter Einkommensverteilung in der Gesellschaft übernommen worden sind. Es ist wohl als eine humanistisch-bürgerliche Kapitalismuskritik zu bewerten, wenn King in seinem zweiten Beitrag feststellen kann: "Die Revolution der Mikroelektronik wird erst dann wirklich revolutionär sein, wenn es ihr gelingt, eine gerechte Gesellschaft herbeizuführen, eine Gesellschaft mit einem hohen Maß an industrieller Demokratie und der Chance der kreativen Verwirklichung für die Mehrheit."[3] Dem marxistischen Leser fallen hierbei zwei Dinge auf. Die Leninsche Aussage, wonach der Sozialismus beim Imperialismus aus allen Knopflöchern herausschaue, wird hier insofern bestätigt, als die hier vorgeschlagenen Lösungen erst im Sozialismus verwirklichbar sind. Der Sozialismus wird also als Notwendigkeit ge-

1) Ebenda S. 43

2) Ebenda S. 44

3) King, A.: Mikroelektronik und globale Interdependenz, in: Friedrichs, G.; Schaff, A. (Hrsg.) a.a.O.,S. 352

ahnt, aber eben nicht revolutionär angestrebt. Die vorgeschlagene "Strategie" und "Taktik" ist, weil nicht praktisch-revolutionär, sehr "kopflastig". Es wird an den "guten Willen" und die "Einsicht" eigentlich aller, vornehmlich der Politiker und "Manager" appelliert. Für die Zukunft solle gelten: "der homo laborans wird zum homo studiosus, ohne die Eigenschaften des homo ludens einzubüßen." [1] Also auch hier die Betonung von "Bildung" und "Bildungsfähigkeit". Ohne diese Seiten abqualifizieren zu wollen, muß man doch feststellen, daß ein Ausblenden sozial-ökonomisch und politisch fundierter Machtstrukturen und noch schärfer gesagt, ein Ignorieren des Imperialismus gefährlich naiv ist und die humanistischen Überlegungen in die Nähe utopistischer Projektmacherei rückt. Diese Einschätzung wird auch insofern nahegelegt, weil die Arbeiterklasse, "entfernt" aus der automatischen Produktion und hineingezaubert in eine arbeitslose "Beschäftigungsgesellschaft", als verschwindend behauptet wird und eine "erste Beschäftigungsgruppe", [2] d.h. die Intelligenz im sozialpolitischen Sinne, alle Gebiete "kreativer Arbeit" von der Forschung über die Kunst bis zur Mode bestimmt. Im Grunde haben wir bei Schaffs Ausführungen nichts anderes vorliegen als einen modernistischen Aufguß der alten bürgerlichen oder revisionistischen Konzeptionen von der "führenden Rolle der Intelligenz".

Anders geartet sind inhaltlich solche Richtungen, die den gewerkschaftlichen Bewegungen der Werktätigen nahestehen und praktische Führungskonzepte für die aktuellen Auseinandersetzungen der von neuen Technologien betroffenen Arbeitern und Angestellten mit dem Kapital ausarbeiten bzw. theoretisch untermauern. Ohne Aufnahme marxistischen Gedankengutes sind keine an den Interessen der Werktätigen orientierte Strategien möglich. Die Aufnahme marxistischen Gedankengutes wird sich unterschiedlich gestalten und auch aus politischen Gründen unterschiedlich darstellen. Weiterhin muß beachtet werden, daß gewerkschaftliche Strategien in der Regel nicht die politische und sozialökonomische Systemveränderung anstreben. Insofern finden wir in diesen kritischen Argumentationen den Gang von einigen prinzipiellen Grundpositionen zu dem eingeschränkten Problemfeld der "neuen Technologien" und der Inter-

---

1) Schaff, A.: Beschäftigung contra Arbeit, in: Friedrichs, G.; Schaff, A.(Hrsg.) a.a.O., S. 365

2) Ebenda S. 357

essen der Arbeiter. So kann Ulrich Briefs einschätzen: "Der Computer und die sonstigen neuen Technologien geben dem Kapital und den in Betrieben und Verwaltungen Herrschenden neue Möglichkeiten, z.T. ... auch mit neuen Qualitäten zur Unterwerfung menschlicher Arbeit unter die Notwendigkeiten der Kapitalproduktion. Die Ziele und die Logik sind daher bei aller Neuartigkeit der Technologien die alten, gleichbleibenden, der kapitalistischen Produktionsweise: Ausbeutung, Beherrschung, Entfremdung." [1] Das unter kapitalistischen Verhältnissen nicht zu beseitigende Widerspruchsverhältnis von "ökonomischer und realer Entwicklung - die Dominanz der ersteren über letztere, die Pervertierung der letzteren durch die erstere - verhindert, daß Technologien primär für die Befriedigung vernünftiger menschlicher Bedürfnisse entwickelt und eingesetzt werden, es verhindert, daß ein bewußter, planmäßiger, sozialer Umgang mit Naturkräften und den diese nutzenden Technologien entwickelt wird". [2] Briefs verweist darauf, daß die Vertreter des Kapitals in den Aufsichtsräten, Banken usw. mit der realen technischen Entwicklung eigentlich nichts zu tun haben, die technologischen Ideen kommen nicht von ihnen, sie haben keinen Anteil am technologischen Schöpfertum der Volksmassen. "Für die Weiterentwicklung der Technologien und ihrer Anwendungen ... sind das Kapital und seine Agenten stets darauf angewiesen, daß von irgendwoher schöpferische Impulse kommen. ... Arbeiter und Angestellte, der Facharbeiter, Meister, Sachbearbeiter, Techniker, Ingenieur ... liefern die Substanz der Produktivkraftentwicklung, das Kapital drückt ihr lediglich die Form auf ... Damit ergeben sich aber zugleich zahlreiche und vielfältige Möglichkeiten zur Bildung von Bewußtsein zum Widerstand gegen die ständige Entfremdung der wirklichen Produzenten der technologischen Entwicklung und ganz besonders der 'neuen Technologien'." [3] Von der Seite der Werktätigen seien, versehen mit gewerkschaftlicher Durchsetzkraft, Alternativen zur kapitalistischen Technologieentwicklung zu schaffen. Jedoch muß Briefs konstatieren: "Was völlig fehlt, sind Vorstellungen für die kontinuierliche und komplexe Gestaltung der technologischen Systeme nach sozialen, technischen und ökonomischen Gesichtspunkten unter Beteiligung der betroffenen Beschäftigten selbst. Was fehlt,

1) Briefs, U.: Arbeiten ohne Sinn und Perspektive? Gewerkschaften und "Neue Technologien", Köln 1980, S. 41 f.

2) Ebenda S. 104

3) Ebenda S. 104 f.

ist ein ständiger offener Dialog zwischen den Bereichen wirklich fortschrittlicher und kritischer Wissenschaft und den Gewerkschaften ... . Hier liegt eine ganz entscheidende Aufgabe für die Zukunft: die Gewerkschaften müssen sich wirksame Möglichkeiten für die Beeinflussung der betrieblichen Bedingungen und damit der technologischen Entwicklung und insbesondere der betrieblichen Entwicklung auf dem Gebiet der 'neuen Technologien' schaffen." [1] Mit dieser Konzentration auf Alternativen zur kapitalistischen Technologieentwicklung sind zweifellos revolutionäre Bewußtseinsbildungsprozesse bei den Werktätigen in Gang setzbar. Oft wird aber die in solcher Weise vorgetragene Kritik am Kapitalismus, weil der reale Sozialismus nicht als die Alternative zum Kapitalismus akzeptiert ist, nur bis zu der Forderung geführt, den weiteren kapitalistischen Mißbrauch technischer Entwicklungen zu stoppen. Das ist eine richtige, aber bei weitem nicht ausreichende Forderung. Der Marxismus-Leninismus geht hier viel weiter und zielt auf Veränderung des Gesamtsystems! Es muß zudem berücksichtigt werden, daß sich auf diese Probleme auch bürgerliche und revisionistische Ideologen konzentrieren bzw. auch progressive Angehörige der technischen Intelligenz, deren Gang zur Aufnahme des kritischen Denkens an den Aufdringlichkeiten pseudomarxistischer Ideologen gescheitert ist.

Cooley, ehemals Chefkonstrukteur bei Lucas Aerospace und später dort als Gewerkschaftsfunktionär, hat eine zweifellos radikal kapitalismuskritische Position. Tief betroffen von der jahrelang selbst mit vorangetriebenen Rüstungsforschung und -entwicklung, neue Technologien in ihrem offensichtlichen Wirken als Kampfmittel gegen die Arbeiter und Angestellten erfassend sowie Entlassungen von hochqualifizierten Kollegen wegen Auftragsmangel bei Rüstungsgütern vor Augen, fragt er nach den Gründen für kapitalistische Technikentwicklung und nach der weiteren technischen und gesellschaftlichen Zukunft. Er schreibt: "Wissenschaft und Technologie können in einer inhärent unmenschlichen Gesellschaft keine humane Verwendung finden ... Jede Analyse des Mißbrauchs von Wissenschaft muß, soll sie sinnvoll sein, das Wesen der wissenschaftlichen Prozesse selbst unter die Lupe nehmen - und die

1) Ebenda S. 157 und 165

objektive Rolle der Wissenschaft innerhalb der ideologischen Rahmenbedingungen der jeweiligen Gesellschaft."[1] Er ist der Meinung, die Technologie sei "die Verkörperung zweier Gegensätze: der Möglichkeit, die Arbeiter zu befreien und der ihrer faktischen Versklavung". [2] Wir mußten beachten, "daß die Organisation der Arbeit und die Gestaltung sowohl von Arbeitsplätzen wie von Maschinen und Computern grundlegende ideologische Annahmen enthalten. ... Deshalb konnten die Maschinen zu einem Trojanischen Pferd in der Arbeiterbewegung werden. Produktivität 'rangiert vor 'Brüderlichkeit', 'Disziplin' gilt mehr als 'Freiheit', das Produkt mehr als der Produzent, auch in den nichtkapitalistischen Ländern". [3] Heutige Wissenschaft und Technik sei kapitalismusgeprägt und deshalb war es "wahrscheinlich ein folgenschwerer Irrtum, daß die Sowjetunion versuchte, die in den kapitalistischen Gesellschaften entwickelten Formen von Wissenschaft und Technologie an ihre Gesellschaft anzupassen, statt völlig neue zu entwickeln". [4] Was ihn enttäuscht, "ist die totale Verwirrung und Orientierungslosigkeit der marxistischen Linken angesichts der politischen Dummheit eines blinden, gedankenlosen Glaubens an die Technologie, die sich eines Tages bitter rächen muß". [5] Cooley fordert deshalb so etwas wie eine Basis-Demokratie in der Produktion. Arbeiter und Ingenieure sollen selbst festlegen, was sie gesellschaftlich Nützliches produzieren wollen. Theoretisch ausgeführt hat Otto Ullrich, ein ehemaliger Ingenieur, diese Position. [6] Mit seinem Projekt, gesellschaftlich nützliche Produkte in einem Rüstungskonzern zu produzieren, ist Cooley gescheitert. Es gelang ihm natürlich nicht, die kapitalistische Ökonomie und Herrschaft zu durchbrechen. Die 150 von Arbeitern und Ingenieuren bei Lucas Aerospace erarbeiteten Projekte sind bis auf wenige Funktionsmuster Papier geblieben. Sein Beispiel wird im Positiven wie im Negativen sicher ausgewertet werden.

1) Cooley, M.: Produkte für das Leben statt Waffen für den Tod. Arbeitnehmerstrategien für eine andere Produktion, Reinbeck 1982. S. 78.

2) Ebenda S. 83

3) Ebenda S. 68

4) Ebenda S. 68 f.

5) Ebenda S. 73

6) Ullrich, O.: Technik und Herrschaft, Frankfurt / M. 1977.

Sein und seiner Nachahmer Glaube an die Kraft des guten Beispiels wird sich noch oft als trügerisch erweisen, aber auch Ansatz zu einem politischen Lernprozeß bieten, der vor allem junge Menschen an die Seite der revolutionären Arbeiterbewegung führen wird. Darum ist neben dem Beispiel schon vorliegender Lösungen bzw.Lösungsansätzen aus sozialistischen Ländern die marxistisch-leninistische Kritik an den politischen und weltanschaulichen Schwächen bzw. am zutage tretenden Irrationalismus so dringend. Das kann hier nicht ausführlich geleistet werden, ein Beispiel muß genügen: Cooley bewertet die Produktionserfahrung der Arbeiter als Alternative zum etablierten wissenschaftlichen Vorgehen, er bezeichnet es als "stilles Wissen", das einen neuen Stil der Technikentwicklung ermöglicht. Diese Übertreibung wird von irrationalistischen Wissenschaft- und Technikkritikern ausgewertet,um Regentänze der Hopi-Indianer, Astrologie, Parapsychologie als der Wissenschaft gleichwertige Erkenntnis- bzw. Handlungsweisen salonfähig zu machen [1] und den Ex-Ingenieur Cooley als ihren Kronzeugen zu mißbrauchen. Während aber Cooley für einen humanen technischen Fortschritt ist und dafür technische Möglichkeiten nicht prinzipiellen Entwicklungsverboten unterwirft, gibt es aber auch noch weit radikalere Stimmen. Joseph Weizenbaum fordert: "Wir müssen uns eingestehen, daß unsere Wissenschaft und unsere Technik -...- uns in einen Rauschzustand versetzen und daß wir - anders gesagt - tief in einen faustischen Handel verstrickt sind, der uns mit großer Geschwindigkeit geistig tötet und uns bald alle auch physisch töten wird." [2] Norbert R. Müllert tendiert mit seinen Ausführungen in die gleiche Richtung: "Durch den zunehmenden Computereinsatz wird ... Abhängigkeit total: Unser Verhalten wird marionettenhaft. Hinter Computerisierung verbirgt sich also mehr als nur ein weiterer basisinnovatorischer Überlebensanstoß des Industriesystems. Die sich anbahnenden Verwerfungen erfassen erstmals umfassend das Menschsein, das Sich-in-der-Welt-Verwirklichen-Können, das Träumen, Lieben, Denken, Fühlen. In einer technokratischen Gesellschaft

1) Löw-Beer, P.: Produktion und Subjektivität, in: Cooley. a.a.O. S. 158 ff.

2) Weizenbaum, J.: Angst vor der heutigen Wissenschaft, in: Technologie und Politik. 19. Schöne elektronische Welt. Reinbeck 1982, S. 38.

kann es keine Zweifel oder Gefühle jenseits der Computernormen geben. ... Nachdem wir uns diese Zusammenhänge klargemacht, die Auswirkungen vor Augen haben, die im Industriesystem mit seinen unmenschlichen Veränderungssprüngen angelegt sind und durch Computerisierung und Biotechnologie auf eine Art Endlösung zusteuern, können wir nicht länger ruhigen Gewissens zuschauen, sondern wir müssen nach Auswegen aus dieser fatalen Umklammerung suchen. Da wir auch in Zukunft ein humanes Leben gewährleistet wissen wollen, entscheiden wir uns bewußt gegen die Industriezivilisation." [1]
Trotz dieser "Verweigerung" geht der technische Fortschritt seinen Weg. Das Problem der objektiven Tendenzen der wissenschaftlich-technischen Revolution und der Alternativen im technischen Fortschritt steht auf der Tagesordnung und muß weltanschaulich, wissenschaftstheoretisch und einzelwissenschaftlich gelöst werden. In dem Pluralismus einseitiger und falscher Konzeptionen ist unserer Meinung nach mehr Verwirrpotential als Anstoß zum tieferen Bedenken des technischen Fortschritts in unserer Epoche. Wir haben mit relativer Ausführlichkeit auf verschiedene Konzeptionen gewiesen, um einerseits typische Denkhaltung in der bürgerlichen Gesellschaft zum wissenschaftlich-technischen Fortschritt als vorhanden vorzuführen und andererseits auch für uns Identifizierungsmuster zu schaffen, wenn solche Auffassungen uns in Literatur und in persönlicher Kommunikation begegnen. Der Realismus marxistisch-leninistischen Denkens ist, ohne daß wir Zerrbilder bürgerlichen Denkens konstruieren mußten, wohl offensichtlich geworden!

1) Müllert, N. R.: Das Räderwerk des technischen Fortschritts - Endstation: Menschen wie Computer? in: Technologie und Politik 19. a.a.O. S. 57.

Kapitel 2

DIE MIKROELEKTRONIK - EINE HERAUSFORDERUNG AN DIE WISSENSCHAFTEN

Es ist heute selbst für den Laien kein Geheimnis mehr, daß die Mikroelektronik - ihre Entwicklung und Anwendung - in der Wissenschaft ihre Wurzeln hat. Die Kenntnis über die gewichtige Rolle, welche dabei wissenschaftliche Untersuchungen über Probleme der Information, des Messens, Steuerns und Regelns, über physikalische Eigenschaften von Werkstoffen, über neue Technologien und andere mehr spielen, gehört in unserer Gesellschaft fast schon zur Allgemeinbildung. Das ist gut so, sollte aber den Fachmann auf diesem Gebiet, gleich, ob er Wissenschaftler, Ingenieur oder Pädagoge ist, nicht dazu verleiten, die damit eng verknüpften weltanschaulichen Fragen unbeantwortet dem Selbstlauf zu überlassen. Ganz im Gegenteil. Die stürmische Entwicklung der Mikroelektronik läßt Probleme weltanschaulicher Natur besonders deutlich hervortreten. Sie bestätigt die Lebenskraft unserer Weltanschauung, indem sie ihre Wahrheit unter Beweis stellt und sie um neue Akzente bereichert. Dies zu erkennen, ist für jeden Fachmann ein doppelter Gewinn. Einmal ermöglicht ihm das, sein eigenes, stets spezialisiertes einzelwissenschaftliches Wirken in übergreifende soziale und geistig-kulturelle Zusammenhänge einzuordnen, was sowohl die Genugtuung des wissenschaftlichen Überblicks verstärkt, als auch die Sicherheit beim Entscheiden erhöht. Zum anderen vergrößert das sein Vermögen, die gesellschaftliche Bedeutsamkeit wissenschaftlich-technischer Arbeit allen bewußt zu machen und die geistig-kulturellen Potenzen moderner Wissenschaft und Technik voll entfalten zu helfen.

Welche weltanschauliche Aussagekraft hat nun die im Grunde schon triviale Erkenntnis, daß die Mikroelektronik vor allem das Produkt der Wissenschaft ist? Erstens wird hiermit wie vielleicht noch nie zuvor deutlich, in welchem Maße Wissenschaft zur Produktivkraft werden kann. Die Mikroelektronik mit all ihren bereits heute absehbaren Möglichkeiten und Konsequenzen bestimmt in den letzten beiden Jahrzehnten des 20. Jahrhunderts wesentlich den Inhalt der wissenschaftlich-technischen Revolution. Sie löst vor allem in Gestalt der flexiblen Automatisierung und weiterer arbeitskräfte-, material- und energiesparender technischer

Lösungen revolutionäre Veränderungen in der Produktivkraftentwicklung aus. Als Zeitgenossen und vielfach direkte Mitgestalter durchgreifender Veränderungen des gesamten technischen Niveaus der Produktion sind wir daher gehalten, auch weltanschaulich immer wieder bewußt zu machen, welch gewaltige, verändernde Kraft der wissenschaftlichen Erkenntnis innewohnt. Zweitens ist damit sofort die weltanschauliche Aussage verbunden, daß diese Kraft der Wissenschaft nur dann Humanität und sozialen Fortschritt befördert, wenn ihr die Zügel gesellschaftlichen Verantwortungsbewußtseins angelegt werden. Gerade die Mikroelektronik hat in Verbindung mit der Automatisierung, der Computer- und Robotertechnik die Diskussion anschwellen lassen, welchen Sinn das rasante Produktivwerden der Wissenschaft für die Gesellschaft als Ganzes sowie für jeden einzelnen von uns hat und ob es Garantien für eine vernünftige, dem Menschen dienende Anwendung der modernen wissenschaftlichen Erkenntnisse gibt. An der Berechtigung dieser Frage, zumindest auf einem Teil unseres Planeten, können wir leider nicht zweifeln. Grassierende Massenarbeitslosigkeit, akute Bedrohung der Arbeitsplätze und Angst vor der Zukunft in der Welt des Kapitals sind sicher nicht dazu angetan, Vertrauen in die fortschrittsfördernde Kraft wissenschaftlicher Entdeckungen und technischer Erfindungen hervorzurufen. Ganz zu schweigen von imperialistischer Hochrüstungspolitik, die, man kann es nicht eindringlich genug sagen, das Modernste an Wissenschaft für das wohl Gräßlichste, die kaltblütig geplante Massenvernichtung menschlichen Lebens, mißbraucht. Drittens ist den Wissenschaftlern und Ingenieuren in unserer sozialistischen Gesellschaft die historisch schwerwiegende, zugleich aber auch zutiefst befriedigende weltanschauliche Verpflichtung auferlegt, durch die persönliche Tat und, das sei nicht unterschätzt, mit überzeugendem Wort täglich den Nachweis anzutreten, daß wir im Sozialismus dem wissenschaftlichen Erkennen nicht nur optimistisch Raum geben, sondern es auch mit seiner progressiven gesellschaftlichen Nutzung sehr ernst nehmen. Für jeden, der Wissenschaft betreibt und praktisch wirksam macht, ist die programmatische Erklärung im Bericht an den X. Parteitag der SED ein stabiles Fundament verantwortungsbewußten Wirkens: "Die Wissenschaft der DDR auch in Zukunft so zu entwickeln und ihren fortschrittsfördernden und humanistischen Charakter so auszuprägen, daß sie immer besser dazu beiträgt, die Wirtschaftskraft der DDR zu steigern, das materielle und geistig-kulturelle Lebensniveau aller Werktätigen zu erhöhen ist und bleibt ein Hauptanliegen unserer Partei".[1] Daß dies keine bloße Absichtserklärung, sondern Spiegelbild realer sozialistischer Macht- und Eigentumsverhältnisse ist, braucht angesichts unserer dynamischen Wissenschafts- und Wirtschaftspolitik nicht des langen und breiten bewiesen zu werden. Hervorhebenswert ist jedoch, daß diese sichere gesellschaftliche Basis humanistischen wissenschaftlichen Wirkens keinen Wissenschaftler und Ingenieur der Verantwortung enthebt, sich für die sozial und ökonomisch effektive Anwendung wissenschaftlicher Erkenntnisse zu engagieren und für die Lösung der damit im Normalfall immer verbundenen Widersprüche zu kämpfen. Die beschleunigte Entwicklung der Mikroelektronik seit dem 6. Plenum des ZK der SED im Jahre 1977 hat wohl jedem diese Dialektik von objektiven gesellschaftlichen Voraussetzungen und Erfordernissen einerseits und subjektivem Vermögen andererseits zur Genüge gezeigt. Ohne realen Sozialismus, ohne wissenschaftlich begründete Führung durch unsere marxistisch-leninistische Partei und ohne den leidenschaftlichen kämpferischen Einsatz unzähliger Wissenschaftler und Ingenieure gehörten wir nicht zu jenen acht Ländern, die wichtige Basistechnologien der Mikroelektronik beherrschen und eine große Zahl mikroelektronischer Bauelemente, einschließlich integrierter Schaltkreise, herzustellen vermögen. Bei allen Problemen und manchmal auch Sorgen, die uns die Entwicklung und Anwendung der Mikroelektronik bereitet - und die zu verschweigen wir gar keinen Grund haben - sollten wir nie außer Acht lassen, daß wir ihr Voranschreiten aus gesamtgesellschaftlicher Sicht betrachten und zunehmend besser beherrschen. Das gilt nicht nur global, für die sozialistische Gesellschaft als Ganzes. Dies gilt auch für die Mehrzahl der Wissenschaftler und Ingenieure, die sich der Mikroelektronik und ihrem breiten Einsatz verschrieben haben. Der Technizismus als eine weltanschauliche Position, in der das Technische isoliert gesehen und neben oder gar gegen das Soziale gestellt wird, ist als Denkhaltung überwunden. Der Fortschritt in Wissenschaft und Technik wird mehr oder weniger immer im Zusammenhang mit den ökonomischen, politischen und geistigen Entwicklungsprozessen des Sozialismus erfaßt und im persönlichen Verantwortungsbereich be-

1) Honecker, E.: Bericht des Zentralkomitees der Sozialistischen Einheitspartei Deutschlands an den X. Parteitag der SED, Berlin 1981, S. 87

wältigt. Daß dies nicht einfach ist, nicht jedem auf Anhieb umfassend gelingt und auch manch zusätzliches Problem bereitet, ist kein Argument dagegen. Im Gegenteil, wer auf der Grundlage des Marxismus-Leninismus und der Parteibeschlüsse dafür wirkt, daß die Mikroelektronik nicht nur technischen und ökonomischen Fortschritt, sondern zugleich auch sozialen und geistig-kulturellen beschleunigen hilft, wird zusätzlich Probleme zu bedenken und zu lösen haben. Aber das sind eben Probleme, wie sie der historische Fortschritt mit sich bringt. Viertens schließlich sollte noch hervorgehoben werden, daß die wissenschaftliche Herkunft der Mikroelektronik sie gleichsam zwingt, immer wieder neue wissenschaftliche Probleme zu gebären. Dies scheint uns weltanschaulich insofern bedeutsam, als damit ihre herausragende Rolle für den weiteren Erkenntnisfortschritt unterstrichen wird. Die gewiß nicht gering zu schätzenden Forschungsergebnisse über die Mikroelektronik und ihre Anwendung führen nicht im Selbstlauf zum technischen Fortschritt. In Meinungen des Alltags klingt hin und wieder solch eine illusionäre Erwartung an, schleicht sich manchmal die Vorstellung ein, daß der dem Nichtfachmann sicher unermeßlich scheinende Fundus der Mikroelektronik ausreichend Wissensvorrat biete, um in absehbarer Zeit alle wichtigen technischen Bedürfnisse der Gesellschaft zu befriedigen. Dem ist natürlich nicht so, denn die Mikroelektronik ist nicht nur brillantes Resultat wissenschaftlicher Erkenntnis, sondern zugleich auch eine gewaltige Herausforderung an das Voranschreiten der Erkenntnis. Sie bereichert die Grundlagenforschung in den Natur-, Technik- und Gesellschaftswissenschaften um oftmals gravierende Problemstellungen. In einer Abhandlung über die Beziehungen von Physik und Mikroelektronik sagt J.Auth: "Überall stoßen wir an Grenzen unserer physikalischen Erkenntnis oder unserer experimentellen Methodik, und an manchen Stellen ahnen wir, daß es sich hier um fundamentale Probleme handeln könnte".[1] Von nicht geringerem Gewicht ist die wissenschaftliche Problemfülle, die mit der breiten Anwendung der Mikroelektronik auf uns einstürmt und noch auf uns zukommen wird. Expertenabschätzungen gestatten die Aussage, daß erst ein Bruchteil der bis zum Jahre 2000 möglichen Anwendungsgebiete der Mikroelektronik bekannt oder gar bewältigt ist, wobei sich die Zahlenan-

1) Auth, J.: Physik und Elektronik, in: Spektrum, Heft 7/82, S.22

gaben in der Spanne zwischen 5 und 20 Prozent bewegen. Wie dem auch sei, hundertprozentig sicher ist, daß die weitere Entwicklung und Anwendung der Mikroelektronik dem Streben nach wissenschaftlicher Erkenntnis ein weites Feld eröffnet und uns veranlaßt, tiefer in die Gesetze der Natur, Technik und Gesellschaft einzudringen. Die Mikroelektronik - und das sollte weltanschaulich immer wieder bewußt gemacht werden - ist also ein ganz beachtlicher Stimulus unseres Erkenntnisdranges und für den Fortschritt der Wissenschaften. Damit ist sie aber zugleich Herausforderung an die sozialistische Persönlichkeit, sich diesen neuen Problemen zu stellen, sich zu befähigen, diese Probleme zu erkennen und zu lösen. Im Grunde genommen wird künftig keiner an der Mikroelektronik vorbeikommen, ganz besonders nicht, wenn wir an das schier unerschöpfliche Reservoir ihrer Anwendung denken. Die Mikroelektronik nimmt also in aller Breite Einfluß auf die Entwicklung des geistigen Profils der sozialistischen Persönlichkeit. Sie ist, ohne das nach wie vor unentbehrliche Wirken der Spezialisten auch nur im geringsten schmälern zu wollen, längst aus dem Stadium wissenschaftlicher "Exklusivität" herausgewachsen. Sie fordert die Bereicherung des Wissens der Ingenieure, Naturwissenschaftler und Ökonomen, sie verlangt Eingang in die Studien- und Lehrpläne, sie regt unsere Weltanschauung mit neuen Fragestellungen an und sie hält Einzug in die geistig-kulturelle Allgemeinbildung.

In den Medien des Kapitalismus, besonders in wissenschaftlich-technischen Fachorganen, wird im Zusammenhang mit Problemen der Mikroelektronik vielfach die Forderung erhoben, die Hochschul- und Berufsausbildung zu reformieren, damit der Mensch den Anforderungen der, wie sie oft sagen, "elektronischen Revolution" geistig und moralisch gewachsen sei. Ohne Zweifel sind viele dieser Empfehlungen wohlgemeint und en détail auch vernünftig. Woran es aber nahezu all diesen Erwägungen gebricht, ist ihr Blick für die objektiven gesellschaftlichen Verhältnisse. Meist schweben sie in Regionen der Illusion, wollen sie die mißlichen ökonomischen und sozialen Folgen der Mikroelektronik kraft der Bildung und wachsender Vernunft verhindern, ohne die Wurzel des Übels, die kapitalistischen Eigentums- und Machtverhältnisse, anzutasten. Was G. Röhlke dazu schreibt, kann stellvertretend für viele gleichgelagerte Meinungen stehen: "Die 'radikale seelische Veränderung des Menschen' mag vielleicht noch weiter entfernt sein. Hoffnung weckt es aber, zu sehen, daß es eine Anzahl von Denkmodellen gibt, die versuchen wollen, zu zeigen, wie zunächst der Weg zu einer schrittweisen Veränderung unserer Wirtschaftsform beginnen könnte - ohne unser Gesellschaftssystem im Voraus zu zerstören - und wohin der Weg führen könnte". [1)]

Für uns in der sozialistischen Gesellschaft bringt die Mikroelektronik, wie bereits erwähnt, auch so manch neue Aufgabe für die Aus- und Weiterbildung. Der grundsätzliche Unterschied zum Kapitalismus besteht aber darin, daß die Vervollkommnung der Bildung im Sozialismus kein tröstlicher Ersatz, kein schmerzlinderndes Mittel für unausbleibliche negative soziale Folgen der Mirkoelektronik ist. Sie ist keine Alternative, sondern untrennbarer Bestandteil unserer bewußt gestalteten Gesellschaftsentwicklung. Sie ist keine mehr oder weniger nebulöse Hoffnung, sondern den Erfordernissen der wissenschaftlich-technischen Revolution und der Persönlichkeitsentwicklung geschuldetes Programm. Damit soll nicht gesagt sein, daß uns das keine Probleme bereitet. Das rechte Maß der Weiterbildung und der Veränderung von Lehr- und Studienplänen zu finden ist, wie das Leben zeigt, alles andere als einfach und bedarf des schöpferischen Meinungsstreites. Die Bereitschaft, sich weiterzubilden, ist bei manchem noch zu entwickeln der aus der objektiven Notwendigkeit der Wissenserweiterung noch nicht die persönlichen Konsequenzen abgeleitet hat.
Mit diesen Bemerkungen soll auch nicht in Abrede gestellt werden, daß es im Kapitalismus wirksame Maßnahmen einer mit der Entwicklung der Mikroelektronik verbundenen fachlichen Qualifizierung gibt. Der "Verein Deutscher Ingenieure" (VDI) ist z.B., wie man der einschlägigen Literatur entnehmen kann, recht aktiv.

Worum es uns hier aber geht, ist hervorzuheben, daß wir im diametralen Gegensatz zum Kapitalismus die sich aus der Mikroelektronik ergebenden Konsequenzen für die Wissenschafts- und Bildungsentwicklung als Moment der gesamtgesellschaftlichen Entwicklung erfassen und damit auch alle - nicht nur die spezifisch fachlichen - Komponenten der Ausbildung, Weiterbildung und Erziehung in Betracht ziehen. Die Mikroelektronik fordert uns also durchaus auch in dieser Hinsicht heraus. Diese Herausforderung

1) Röhlke, G.: Die Verantwortungen der Ingenieure ändern sich, VDI-Nachrichten Nr. 44/ 30. Oktober 1981, S. 37

ist uns jedoch kein Grund zur Sorge oder Anlaß für idealistische Bildungskonzepte, welche die ansonsten menschenfeindliche ökonomische und technische Wirklichkeit erträglicher machen sollen. Die Realität Sozialismus beweist auch hier ihre Vorzüge, indem sie uns die objektiven und subjektiven Voraussetzungen bietet, um die durch die Mikroelektronik ausgelösten neuen Probleme und Widersprüche nicht nur wissenschaftlich zu analysieren, sondern sie auch auf der Grundlage richtiger Einsichten im Interesse des gesellschaftlichen Fortschritts und damit des Menschen zu lösen. Die Mikroelektronik und ihre Anwendung bereichern uns also mit ihren Problemen um neue Erkenntnisgegenstände, um weitere Bildungsinhalte und damit letztlich in der Fähigkeit, die natürlichen und gesellschaftlichen Prozesse noch umfassender zu beherrschen. In ganz besonderem Maße werden natürlich die Wissenschaften mit neuen Fragestellungen konfrontiert und herausgefordert. Auf einige dieser Aspekte und der damit verbundenen weltanschaulichen Probleme sei in der Folge eingegangen.

Die Mikroelektronik und das theoretische Niveau der Technikwissenschaften

Gar nicht so selten trifft man auf die Meinung, daß die Technikwissenschaftler und Ingenieure vor allem durch wohlüberlegtes Probieren, geschicktes Kombinieren und virtuoses handwerkliches Geschick die Technik schaffen und weiterentwickeln. Was dazu mehr oder weniger an Theorie vonnöten sei, werde von anderen, vorwiegend von Naturwissenschaftlern und Mathematikern, bereitgestellt. Nun läßt sich sicher nicht bestreiten, daß in solchen oder ähnlichen Auffassungen ein Körnchen Wahrheit steckt. Aus der Geschichte der Technik ist ja bekannt, wie vielfach geniale Erfindungen zustandekamen, ohne daß den Erfindern eine tiefgründige theoretische Erklärung der technischen Vorgänge zur Verfügung stand. Aber auch heute gibt es noch eine ganze Reihe technisch recht gut beherrschter Abläufe in Maschinen und Prozessen, die noch ungenügend theoretisch ergründet sind. So werden z.B. viele Umform- und Abtrennvorgänge noch weitgehend nach empirisch ermittelten Aussagen und Erfahrungswerten gestaltet, weil u.a. die Gesetzmäßigkeiten des Verhaltens von Werkstoffen nicht hinreichend theoretisch erfaßt wurden. Richtig ist schließlich auch, daß den Technikwissenschaftlern und Ingenieuren Theorie allein nichts nützt, wenn nicht empirisch gewonnene Erfahrungen, konkretes technisches Vorstellungsvermögen, gute Kombinationsgabe und erfinderischer Einfallsreichtum hinzukommen. Und vielleicht sollte an dieser Stelle sogar unterstrichen werden, daß die empirische Stufe der Erkenntnis und das aus der Erfahrung gewonnene Wissen gerade für die Technikwissenschaften von erheblicher Bedeutung sind.[1] Jede technikwissenschaftliche Theorie bedarf ihrer breiten empirischen Basis in Gestalt von Messungen, Experimenten, Versuchsreihen und von praktischen Erfahrungen, die Facharbeiter, Neuerer und Ingenieure aus dem täglichen Umgang mit der Technik schöpfen. Auch wird es heute wie in Zukunft immer wieder abzuwägen sein, ob eine vorwiegend empirisch begründete technische Lösung am Ende nicht doch effektiver und zweckmäßiger ist als eine, die aufwendige und langwierige theoretische Untersuchung erforderlich macht. Aus all dem darf jedoch nicht geschlußfolgert werden, daß sich die Technikwissenschaften in der Empirie erschöpfen. Im Grunde war das noch nie der Fall. Selbst in den Phasen ihrer Entstehung und Konsolidierung im vorigen Jahrhundert waren sie nicht theorieabstinent, waren sie nicht nur "Konsumenten" naturwissenschaftlicher Erkenntnisse, sondern immer auch mehr oder weniger ausgereifte "Produzenten" von eigenständigen technikwissenschaftlichen Theorien. Ein kurzer Ausflug in die Geschichte der Technikwissenschaften soll das lediglich illustrieren. Vor allem in der zweiten Hälfte des 19. Jahrhunderts haben solche Ingenieur- und Wissenschaftlerpersönlichkeiten wie F. Redtenbacher, G. Zeuner, C. Linde, R. Diesel, C. J. v. Bach und viele andere in Auseinandersetzung mit akademischen Vorbehalten erfolgreich dafür gekämpft, eine spezifische und systematische technikwissenschaftliche Betrachtungsweise zu begründen. Sie führten mit theoretischen Mitteln den Nachweis, daß die Bewertung, Vervollkommnung und Entwicklung der Technik weder allein mit praktischen Erfahrungen noch ausschließlich mit den Theorien und Methoden der Naturwissenschaften und Mathematik zu bewältigen ist. Natürlich dominierten vor der systematischen Begründung der Technikwissenschaften die Erfahrungen und das Geschick der Erfinder. Oftmals waren sie, wie z.B. Papin, Savery, Newcomen

1) Vgl.: Striebing, L., Schild, H.: Soziale und kognitive Aspekte des ingenieurwissenschaftlichen Erkenntnis- und Schaffensprozesses (Thesen), in: Informationsbulletin "Aus dem philosophischen Leben der DDR", Heft 9/1981, S. 16/17

und Watt, zugleich geistige Väter und praktisch-handwerkliche Verwirklicher ihrer Schöpfungen. In dieser Phase der Entwicklung wurden lediglich in elementarer Weise Erkenntnisse der Naturwissenschaften zu Rate gezogen, wurden vergleichende und kombinatorische Überlegungen zu vorhandenen Maschinen angestellt, wurden Wirkungsweisen der Maschinen vorwiegend qualitativ beschrieben und erste allgemeine Regeln für die Konstruktion, die Technologie und die Wartung der Maschinen herausgegeben. Die 1780 von J..Beckmann herausgegebene "Anleitung zur Technologie" ist ein heute noch beachtenswertes Zeugnis dafür, wie mit dem Ordnen und der empirischen Beschreibung technischer Mittel, Operationen und Prozesse die allmähliche Entwicklung der Technikwissenschaften beginnt. Bereits Ende des 18. und zu Beginn des 19. Jahrhunderts weisen Untersuchungen auf den Gebieten der Mechanik sowie der Festigkeits- und Wärmelehre darauf hin, daß die Verfahren des rein empirischen Vergleichens, Kombinierens und Probierens am technischen Objekt immer weniger für die Entwicklung der Technik ausreichen, daß verstärkt theoretische Überlegungen erforderlich werden. Wesentliche Beiträge für diese Entwicklungsstufe leisteten u.a. der Maschineningenieur Brünel (1806 - 1859), der Mechaniker Stephenson (1781 - 1848), der Ingenieur Carnot (1796 - 1832) und der Maschinenbauer Whitworth (1803 - 1857). Damit beginnt ein Prozeß, über den Marx schreibt: "Ihr Prinzip, jeden Produktionsprozeß, an und für sich und zunächst ohne alle Rücksicht auf die menschliche Hand, in seine konstituierenden Elemente aufzulösen, schuf die ganz moderne Wissenschaft der Technologie. Die buntscheckigen, scheinbar zusammenhangslosen und verknöcherten Gestalten des gesellschaftlichen Produktionsprozesses lösten sich auf in bewußt planmäßige und je nach dem bezweckten Nutzeffekt systematisch besonderte Anwendungen der Naturwissenschaft." [1] Im Prinzip standen also die Technikwissenschaften von Anfang an vor der Aufgabe, auch eigenständige theoretische Aussagen zu entwickeln, unbeschadet der Tatsache, daß dies in Etappen unterschiedlichen Niveaus erfolgt. Allein um naturwissenschaftliche Erkenntnisse so zweckgerichtet auszuwählen, zu extrapolieren und zu kombinieren, daß sie Technik schaffen und besser beherrschen helfen, bedarf es spezifischer technikwissen-

1) Marx, K.: Das Kapital, Erster Band, in: Marx/Engels, Werke, Bd. 23, Berlin 1962, S. 510

schaftlicher Überlegungen, die sich nicht auf die Theorien und Methoden der Naturwissenschaften reduzieren lassen. Die gedankliche Vorwegnahme technischer Mittel und Prozesse bedarf im Verlaufe der Entwicklung der Produktivkräfte eines immer größeren Maßes an theoretischer technikwissenschaftlicher Substanz.

Aber zurück zur Gegenwart. Wir sind jetzt auf einer Stufe technikwissenschaftlicher Entwicklung angelangt, wo es immer mehr darauf ankommt, technische Systeme und Prozesse als Ganzheiten theoretisch zu ergründen. Dazu haben die Herausbildung der Mikroelektronik und ihre fortschreitende Integration in nahezu alle Bereiche der Technik erheblich beigetragen. Es erweist sich immer deutlicher, daß die für die Technikentwicklung revolutionären Potenzen der Mikroelektronik umso wirksamer werden, je tiefgründiger die wesentlichen Zusammenhänge technischer Mittel und Prozesse, die ihnen zu Grunde liegenden Gesetze erkannt sind. Die flexible Automatisierung - ohne Mikroelektronik eine undurchführbare technische Zielstellung, [1] ist andererseits der entscheidende materiell-technische Bereich, in dem sich die Erkenntnisse der Mikroelektronik und vieler anderer Wissenschaften umfassend als unmittelbare Produktivkraft entfalten können. Das verlangt jedoch zugleich, in die Funktionen und Strukturen flexibler Automatisierungslösungen so tief erkennend einzudringen, daß eine fortschreitend theoretisch begründete Gestaltung und Dimensionierung dieser technischen Systeme, ihrer Baugruppen und Einzelteile gesichert werden kann. Viele Technikwissenschaftler sehen darin für das natur- und technikwissenschaftliche Forschen eine Aufgabe fundamentalen Charakters.[2] Es ist daher auch gar nicht verwunderlich, wenn die seit geraumer Zeit währende Diskussion um den Charakter und die Spezifik von Technikgesetzen durch das Vordringen der Mikroelektronik merklich belebt wurde und klare Konturen angenommen hat. Es kann hier nicht der Platz sein, die vielen interessanten und fruchtbaren wissenschaftlichen Auseinandersetzungen wiederzugeben, an denen eine ganze Reihe von

1) Vgl.: Haustein, H.-D., Maier, H.: Flexible Automatisierung - Kernprozeß der revolutionären Veränderungen der Produktivkräfte in den achtziger und neunziger Jahren, in: Wirtschaftswissenschaft, Heft 5/1982, S. 669 ff.

2) Vgl.: Weber, H.: Probleme der automatisierten wartungsarmen Produktion, in: Aus der Arbeit von Plenum und Klassen der AdW der DDR, Berlin, 7 (1982) 3

Philosophen und natürlich Technikwissenschaftlern Anteil hat.[1] Nicht unerwähnt lassen möchten wir jedoch, daß die wachsenden technischen Anwendungsmöglichkeiten der Mikroelektronik einen entwicklungsfördernden Druck auf den Prozeß der theoretischen Fundierung der Technikwissenschaften ausüben. Und nicht zuletzt hat das auch das Bemühen stimuliert, technische Gesetze zu entdecken und technikwissenschaftliche Gesetzesaussagen zu formulieren. Vor noch nicht allzulanger Zeit wurden diese Bemühungen gar nicht so selten als müßige theoretische Sepkulationen und brotlose philosophische Kunst abgetan. Heute ist bei allen unumgänglichen wissenschaftlichen Kontroversen um diese Probleme aber eines klar: ohne die schrittweise Aufdeckung von Struktur-, Funktions- und Systemgesetzmäßigkeiten technischer Mittel und Prozesse könnten die revolutionierenden Potenzen der Mikroelektronik vor allem in Richtung flexibler Automatisierung nie vollständig erschlossen werden. Hier zeigt sich also die Mikroelektronik als Stimulator der Wissenschaftsentwicklung, als ein treibendes Element der theoretischen Entwicklung in den Technikwissenschaften.

Für die weltanschauliche Erziehung ist das vor allem deshalb beachtenswert, weil damit nicht nur die Mikroelektronik im engeren oder eigentlichen Sinne als äußerst anspruchsvolles wissenschaftliches Aufgabengebiet charakterisiert wird, sondern auch ihre "Fernwirkungen" als sehr problem- und theorieträchtige Bereiche ins Bewußtsein gerückt werden. Die theoretische Entwicklung der Technikwissenschaften wird noch Generationen talentierter Ingenieure Bewährungsfelder bieten. Hier muß vielfach Neuland betreten werden, gilt es "weiße Flecken" zu tilgen, sind wissenschaftliche Abenteuer zu bestehen.

---

1) Vgl.: Herlitzius, E.: Einheitliche Beherrschbarkeit, natürlicher, technischer und sozialer Prozesse des wissenschaftlich-technischen Fortschritts, in: Informationsbulletin "Aus dem philosophischen Leben der DDR, Jahrg. 17 (1981), H. 9, S.10.

Striebing, L., Schild, H.: Soziale und kognitive Aspekte des ingenieurwissenschaftlichen Erkenntnis- und Schaffensprozesses, in: Ebenda, S. 17

Hochmuth, G.; Rausendorff, D.: Zu den Anforderungen der Praxis bei der zielgerichteten Aufdeckung und Ausnutzung von Technikgesetzen, in: Tagungsberichte der Technischen Hochschule Karl-Marx-Stadt, 1981, S. 49 - 54

Das sollten wir besonders der Jugend noch deutlicher vor Augen führen, weil so manchmal in der öffentlichen Meinung die Ansicht besteht, als sei die Anwendung der Mikroelektronik im weiten Gebiet der Technik ein mehr oder weniger einfacher praktischer Nachvollzug zu im Grunde wissenschaftlich längst geklärten Erscheinungen. Daß dem nicht so ist, sondern im Gegenteil gerade die technische Nutzung der Mikroelektronik die Lösung unzähliger wissenschaftlich hochinteressanter Probleme zur Voraussetzung hat, versuchten wir anzudeuten. Das müssen wir, um noch mehr für die Technik zu begeistern, stärker propagieren. Dabei gilt es auch, die besonders von Nick begründete Auffassung weltanschaulich tiefgründiger auszuwerten, daß die ständige Modernisierung der vorhandenen materiell-technischen Basis durch eine wohlüberlegte Integration von Komponenten qualitativ neuer technischer Lösungen eine Fülle anspruchsvoller technikwissenschaftlicher Aufgaben hervorbringt, deren Bewältigung schöpferisches, originelles und oftmals auch unkonventionelles Denken erfordert. [1)]

Bei der theoretischen Fundierung der Technikwissenschaften dürfen wir natürlich auf gar keinen Fall die herausragende Bedeutung der Naturwissenschaften und der Mathematik unterschätzen. Die Erzeugnisse und Technologien der Mikroelektronik sind ja par excellence das Resultat der Erkenntnis und technologischen Anwendung physikalischer und chemischer Effekte. Aber auch die Vervollkommnung bzw. Ausarbeitung technikwissenschaftlicher Theorien in aller Breite und Tiefe verlangt eine weitgehende naturwissenschaftliche Erklärung und mathematische Beschreibung technischer Phänomene und Zusammenhänge. Flexible Automatisierungslösungen, die sioh durch hohe Arbeitsgeschwindigkeit, Arbeitsgenauigkeit, Zuverlässigkeit, Lebensdauer, Bedienfreundlichkeit und Wartungsarmut auszeichnen, können zum Beispiel nur dann Realität werden, wenn ihnen technikwissenschaftliche Theorien zu Grunde liegen, die sich auf ein Gutteil naturwissenschaftlich-mathematischer Ergründungen technischer Zusammenhänge stützen können. Aber auch hier spielt die Mikroelektronik eine nicht zu unterschätzende entwicklungsfördernde Rolle. Mit ihren bereits heute absehbaren Einsatzmöglichkeiten im Maschinenbau trägt sie z.B. wesentlich dazu bei, naturwissenschaftlich-mathematisch

1) Vgl.: Nick, H.: Ökonomische und ideologische Erfordernisse effektiver Grundfondsreproduktion, in: Einheit, Heft 10/82, S. 1034 ff.

fundierte technikwissenschaftliche Theorien über das Steuern und Optimieren von Umform- und Abtrennvorgängen noch zielstrebiger auszuarbeiten. Man könnte es auch so sagen: Die auf der tiefen Einsicht in Naturgesetze und der Erkenntniskraft mathematischer Theorien beruhenden Potenzen der Mikroelektronik sind nur unter der Bedingung technisch weitgehend auszuschöpfen, wenn die der Technik zugrundeliegenden Gesetze in ähnlicher Weise theoretisch erkannt werden wie die, welche die Wirkprinzipien der Mikroelektronik begründen.

Allerdings sollte mit dieser grundsätzlichen Forderung nicht übertrieben oder gar vereinfacht werden. Einmal ist nämlich zu berücksichtigen, daß in technischen Mitteln und Prozessen wohl immer einige Zusammenhänge existieren, die zwar funktionieren, aber nicht theoretisch erklärt sind oder unbedingt erklärt werden müssen. Einen gewissen Anteil "nur" phänomenologischer Beschreibung wird man der technikwissenschaftlichen Tätigkeit stets zubilligen müssen.

Zum anderen darf nicht verschwiegen werden, daß die mathematisch-naturwissenschaftliche Fundierung der Technikwissenschaften in vielen ihrer Bereiche noch am Anfang steht. Das ist keineswegs abwertend zu interpretieren, sondern soll vielmehr unterstreichen, daß im Gefolge der Mikroelektronik interessante und anspruchsvolle wissenschaftliche Probleme der Bearbeitung harren, die auch Naturwissenschaftlern und Mathematikern in interdisziplinärer Gemeinschaftsarbeit mit Ingenieuren die Chance bieten, bei der Erforschung theoretisch noch kaum erklärter Zusammenhänge zu Ergebnissen fundamentalen Charakters zu gelangen. Nicht nur die Grundphänomene der Mikroelektronik bergen das Schöpfertum anspornende "Geheimnisse". Auch das technische Wirkungsfeld der Mikroelektronik bietet gerade jungen Naturwissenschaftlern und Mathematikern, die Neues entdecken und erfinden möchten, ein schier unerschöpfliches Reservoir.

Die Mikroelektronik und die Integration der Wissenschaften

Es bedarf mittlerweile keines großen Beweises mehr, daß nahezu alle bedeutsamen Anwendungsbereiche der Mikroelektronik Aufgaben interdisziplinären Charakters sind. Allein ein Blick auf die hauptsächlichen Entwicklungslinien von Wissenschaft und Technik, wie sie in der vom X. Parteitag der SED beschlossenen ökonomi-

schen Strategie ausgewiesen sind, läßt dies offenkundig werden.[1]
Die gesellschaftlichen Bedürfnisse nach komplexen technischen Lösungen und die Möglichkeiten der Mikroelektronik üben - und das gleich in mehrfacher Hinsicht - einen Zwang auf das Zusammenwirken der Wissenschaften, auf ihre Integration aus. Einmal wird dadurch das Zusammenwirken vieler technikwissenschaftlicher Disziplinen, die sich z.T. relativ isoliert voneinander entwickelten, in neuer Qualität gefördert. Zum anderen verstärkt sich das Erfordernis, die Wechselbeziehungen der Technikwissenschaften mit den Natur- und Gesellschaftswissenschaften zu vertiefen. Drittens schließlich werden auch die Natur- und Gesellschaftswissenschaften herausgefordert, das Zusammenspiel ihrer verschiedenen Disziplinen zu verstärken, um einen wirksamen Beitrag zur Bewältigung technischer Komplexaufgaben zu leisten.
Unter Komplexität wollen wir vor allem die Entwicklung und Rationalisierung technologischer Prozesse in ihrer Ganzheit, als Systemlösungen, verstanden wissen. Hier gilt es, konstruktive, technologische, werkstoffwissenschaftliche, ökonomische und soziale Komponenten in dialektischer Einheit zu bewältigen. Das wiederum setzt die theoretische Ableitung und Begründung solch ganzheitlicher technischer Lösungen auf der Grundlage der dafür erforderlichen technikwissenschaftlichen, naturwissenschaftlich-mathematischen und gesellschaftswissenschaftlichen Erkenntnisse voraus.
Technische Lösungen einer flexiblen Automatisierung können beispielsweise nicht einfach durch das Zusammenfügen vorliegender technikwissenschaftlicher Erkenntnisse erreicht werden. Dazu bedarf es mehr. Von Anfang an müssen die wissenschaftlichen Teilprobleme aus der Sicht des Gesamtsystems bearbeitet werden, und jede Teillösung - auch wenn sie für sich genommen funktionstüchtig wäre - bringt nur dann die optimalen Effekte, wenn sie Element des funktionsfähigen Gesamtsystems ist.

Die Mikroelektronik hat an dieser Entwicklungstendenz nicht unerheblichen Anteil. Sie gestattet es, "Regel-, Steuer- und Meßwertverarbeitungsaufgaben dezentral zu lösen"[2] und damit komplizier-

1) Vgl.: Honecker, E.: Bericht des Zentralkomitees der Sozialistischen Einheitspartei Deutschlands an den X. Parteitag der SED, Berlin 1981, S. 50/51

2) Schwarz, W.; Meyer, G.; Eckhardt, D.: Mikrorechner, Berlin 1980, S. 16

te Wechselbeziehungen zwischen den Elementen technischer Systeme mit wissenschaftlich, technisch und ökonomisch vertretbarem Aufwand zu beherrschen. Zugleich kann die Mikroelektronik nur durch Integration in technische Systeme, durch ihre funktionale Verknüpfung mit technischen Prozessen zur Hergabe ihres ganzen Könnens veranlaßt werden.
All das verpflichtet natürlich die Wissenschaftsdisziplinen in einer bisher nicht gekannten Weise zur interdisziplinären Zusammenarbeit und zur Integration ihrer Erkenntnisse. So zeigt sich immer deutlicher, daß grundsätzliche Weiterentwicklungen der Erzeugnisse und Fertigungsprozesse des Maschinenbaus nur noch möglich sind, wenn sich maschinenbautechnische und elektrotechnisch-elektronische Untersuchungen auf neue Weise miteinander verflechten. Moderne Technik weist einen hohen Anteil elektrontechnisch-elektronischer Elemente auf. Der wissenschaftlich-technische Fortschritt auf dem Gebiete der Technologie wird charakterisiert durch die fortschreitende Automatisierung der technologischen Produktionsvorbereitung, Produktionsplanung, Produktionsleitung und natürlich der technologischen Prozesse selbst, einschließlich der Transport-, Umschlag- und Lagerhaltungsprozesse. All das bedingt die rechnergestützte integrierte Informationsverarbeitung, bedingt Informationssysteme, welche die technische Vorbereitung der Produktion, die Planung und Steuerung der Produktionsprozesse sowie die Überwachung und Kontrolle des Produktionsablaufes in ihren komplexen Zusammenhängen zu erfassen vermögen.

In disziplinärer Isolation lassen sich bereits heute, aber erst recht in Zukunft, keine bedeutsamen Anwendungsfelder der Mikroelektronik im Sinne technischer Revolutionierung erschließen. Das gilt beileibe nicht nur für die soeben erwähnten Beziehungen von Disziplinen des Maschinenbaus mit denen der Elektrotechnik/Elektronik. Flexible Automatisierung fordert z.B. auch, daß die durch Einsatz der Mikroelektronik ermöglichten und angestrebten technischen Lösungen bereits in der Phase ihrer theoretischen Konzipierung ökonomischen und sozialen Bewertungskriterien unterworfen werden. Diese Forderung ist aus Gründen der Effektivität und der Persönlichkeitsentwicklung zwingend. Sie verpflichtet die Ökonomen, Soziologen, Arbeitswissenschaftler, Philosophen und Vertreter anderer gesellschaftswissenschaftlicher Disziplinen nur interdisziplinären Zusammenarbeit mit den Technikwissenschaftlern in neuer Qualität.

Offensichtlich sind wir auf einer Entwicklungsstufe angelangt, wo durch den wachsenden Einfluß der Mikroelektronik auf die Technikentwicklung immer mehr komplexe technikwissenschaftliche Aufgaben entstehen, deren Lösung jedoch weit über den Gegenstandsbereich der Technikwissenschaften hinausreicht und demzufolge dazu zwingt, das Zusammenwirken mit den Natur- und Gesellschaftswissenschaften zu vertiefen. Diese Integrationsprozesse haben also ihren Ursprung in technikwissenschaftlichen Problemen komplexer Natur, die nur dann bewältigt werden können, wenn jedes Detailproblem aus der Sicht des Ganzen in Angriff genommen wird sowie wenn es nicht nur aus dem Blickwinkel <u>einer</u> Disziplin, sondern auch unter Einbeziehung von Erkenntnissen tangierender Wissenschaften eine Lösung erfährt. Die Mikroelektronik - das kann ohne Übertreibung gesagt werden - stimuliert diese integrative Herangehensweise ganz entscheidend. Sie bewirkt wahrscheinlich sogar eine qualitativ neue Stufe in den Integrationsbeziehungen vieler Wissenschaftsdisziplinen.
Darin zeigen sich wesentliche Seiten ihres fördernden Einflusses auf die Entwicklung der Wissenschaften, darin liegen aber auch viele neue Probleme und Ansprüche in der Entwicklung wissenschaftlichen Denkens, die durchaus nicht im Vorbeigehen gelöst werden können. So brauchen, um das an einem Beispiel zu demonstrieren, die Konstrukteure und Technologen des Maschinenbaus künftig ein solides Fundament an Kenntnissen über die Mikrorechentechnik, um die oftmals daraus hervorgehenden völlig neuen Möglichkeiten der Regelungs-, Steuer-, Meß- und Antriebstechnik konstruktiv und technologisch Wirklichkeit werden zu lassen. Das schließt sicheres Grundwissen über die Informationsverarbeitung, über Programmiersprachen und über die Anwendung moderner Geräte auf diesem Gebiet ein. Für die Vertreter der Elektrotechnik/Elektronik, der Informations- und Rechentechnik hat dies umgekehrt zur Folge, daß in ihren disziplinären Untersuchungen die Aufgaben berücksichtigt werden, die sich aus der Anwendung der Mikroelektronik im Maschinenbau ergeben.

Ganz so einfach, wie das gesagt ist, läßt sich das jedoch nicht verwirklichen, weil es hierbei um inhaltliche, um qualitative

Veränderungen in den Theorien und Methoden der wechselwirkenden Disziplinen und nicht um eine fortschreitende quantitative Anreicherung des disziplinären Wissenspotentials mit Erkenntnissen aus anderen Disziplinen geht. Durch das komplexe Zusammenwirken unterschiedlichster Disziplinen sollen ja Effekte erzielt werden, welche größer sind, als die Summe der eingebrachten disziplinären Erkenntnisse. Daher kann der aus anderen Disziplinen kommende Beitrag nicht schlechthin additiv hinzugefügt werden, sondern muß aus der Sicht der komplexen Problemstellung in jeder Disziplin verarbeitet, spezifiziert, d.h. dialektisch aufgehoben werden.

Das zwingt ohne Zweifel zum Erkenntnisfortschritt auf disziplinärer Ebene. Das führt zu einer gegenseitigen Problemanreicherung, zum schärferen Erfassen von Erkenntnislücken und zur klareren Formulierung entwicklungsträchtiger Fragestellungen. Aber auch Rückstände im theoretischen Niveau dieser oder jener Disziplin werden erbarmungsloser aufgedeckt. Disziplinäres "Defizit" ist daher immer schwerer zu verbergen und kann schon gar nicht durch eine Flucht ins Interdisziplinäre eliminiert werden. Daher ist es nicht verwunderlich, wenn solche durch die Mikroelektronik spürbar beschleunigten Integrationsprozesse die Wissenschaftler und Ingenieure vor ungewohnte Probleme stellen, die nicht immer komplikationslos gelöst werden können. Es ist sicher für keinen Wissenschaftler einfach, die disziplinär geformten und notwendigerweise auch disziplinär begrenzten Theorien, Methoden und Denkmodelle um diejenigen Nuancen zu bereichern, die den Zugang zu Erkenntnissen und Problemstellungen aus Nachbardisziplinen erschließen, die, wie oft formuliert wird, das Auffinden der sogenannten Schnittstellen ermöglichen. Das stellt gewöhnlich hohe Anforderungen an die theoretische Flexibilität der Wissenschaftler und Ingenieure sowie an ihre weltanschauliche Bereitschaft und Aufgeschlossenheit. Geht es doch u.a. darum, Anregungen aus anderen Disziplinen aufnehmen zu können und zu wollen, sich mit seinen Ergebnissen den Erwartungen der benachbarten Bereiche zu stellen und manchmal auch Kompromisse im Interesse der wechselseitigen Anpassung der Erkenntnisse einzugehen. Die Erfahrungen bestätigen, daß es manch neuer Überlegung und Herangehensweise bedarf, um sukzessiv, aber zugleich zielstrebig die Erkenntnisse und Möglichkeiten der Mikroelektronik in den unterschiedlichsten technikwissenschaftlichen Disziplinen zu erschließen. Sie zeigen aber auch, daß die organische Aufnahme der Erkenntnisse der Mikroelektronik in das disziplinäre Ideengut kein simpler Anwendungsvorgang, sondern eine äußerst anspruchsvolle Transformation ist, die ohne theoretische Weiterentwicklung in den Disziplinen nicht zu vollziehen wäre.

Hie und da wird in diesem Zusammenhang die Befürchtung laut, der durch die Mikroelektronik ausgelöste Integrationsschub stelle eine Gefahr für die disziplinäre Spezifik und Tiefgründigkeit dar, bedeute Preisgabe oder zumindest geringere Wertschätzung traditionsreicher technikwissenschaftlicher Richtungen. Aus diesem Grunde muß ausdrücklich betont werden, daß Integration stets auch als Vertiefung der disziplinären Untersuchungen zu verstehen ist. Aus dem Eindringen der Mikroelektronik in technikwissenschaftliche, aber auch andere Disziplinen entspringen neue wissenschaftliche Fragestellungen, die disziplinär beantwortet werden müssen. Scheler weist z.B. darauf hin, daß die zügige Entwicklung einer leistungsfähigen Meß- und Stelltechnik eine wesentliche Voraussetzung "für die Erschließung der Möglichkeiten der Mikroelektronik in der Prozeßautomatisierung ist". [1)]

Die Integrationsimpulse, welche die Mikroelektronik verleiht, helfen das Problembewußtsein und den Entwicklungsgedanken in den Disziplinen weiterzuentwickeln. Sie inspirieren die Wissenschaftler und Ingenieure, ihre Disziplin nach originären Beiträgen für Theorie und Praxis zu befragen, auf die sie aus interner disziplinärer Logik oftmals kaum gestoßen wären. Durch vertiefte Integration wird nicht zuletzt auch die Anwendungsbreite und Multivalenz disziplinärer Erkenntnisse vergrößert. Die Möglichkeiten der theoretischen und praktischen Nutzung von Ergebnissen einzelner Disziplinen werden umfassender, weil sich auf Grund der Komplexität neue Kombinationen für bisher nicht bekannte technische Lösungen anbieten. Das erhöht natürlich auch die Verantwortung jeder an der Lösung des Komplexproblems beteiligten Disziplinen. Ein theoretisches Zurückbleiben auf diesem oder jenem Gebiet ist dann kaum noch zu kaschieren, es wird meist sehr rasch aufgedeckt und kann die Bewältigung der Gesamtaufgabe empfindlich beeinträchtigen.

---

1) Scheler, W.: Zu ausgewählten Aufgaben der Naturwissenschaften und Mathematik bei der weiteren Beschleunigung des wissenschaftlich-technischen Fortschritts, in: Wiss. Zeitschrift der TH Karl-Marx-Stadt, Heft 3, 1982, S. 251

Im Prozeß des komplexen Zusammenwirkens vieler Disziplinen werden auch theoretische Einsichten, weiterführende Problemstellungen und rationelle Untersuchungsmethoden wechselseitig übernommen und damit wird - über längere Zeiträume gesehen - eine relative Angleichung des theoretischen Niveaus auf immer höherer Ebene erfolgen.

Aus all dem - das sei resümierend hervorgehoben - darf also nicht abgeleitet werden, daß sich unter dem Einfluß der Mikroelektronik die Differenziertheit der Technikwissenschaften aufhöbe und daß nur noch die Anwendung der Mikroelektronik in der Technik den Inhalt technikwissenschaftlichen Arbeitens bestimme. Gleichermaßen darf daraus nicht geschlußfolgert werden, daß künftig jeder Technikwissenschaftler und Ingenieur ein Allroundkönner der Mikroelektronik sein müsse. Das wäre nicht bloß uneffektiv, sondern beim heutigen und noch zu erwartenden Stand der theoretischen Tiefe und Problemfülle in jeder technikwissenschaftlichen Disziplin auch völlig irreal. Der Ingenieur braucht nach wie vor ein solides disziplinäres Wissen, das sich allerdings mehr und mehr auf einem gut beherrschten Fundament von Grundkenntnissen über die Prinzipien der Mikroelektronik, über ihre technikwissenschaftlich relevanten Auswirkungen sowie über ihre technischen Anwendungsmöglichkeiten stützen muß. Wenn das gegeben ist, wird er in der Lage sein, über seine Disziplin hinauszudenken, eine durch die Mikroelektronik stimulierte prozeß- und systembezogene Denkweise schneller zu kultivieren und Erkenntnisse der Mikroelektronik in sein Spezialgebiet zu integrieren.

Wie die Diskussionen um den Inhalt der Ingenieurausbildung und erste wesentliche Schritte zu seiner Veränderung zeigen, wurde dieser Prozeß, in dem der Dialektik im Ingenieurdenken neue Seiten hinzugefügt werden, auf breiter Front in Bewegung gesetzt.

Die Mikroelektronik und das Problem der künstlichen Intelligenz

Wenn heute von künstlicher Intelligenz die Rede ist, dann sind nicht mehr spekulative Diskussionen dominierend, sondern der wissenschaftliche Meinungsstreit um den Stand ihrer Entwicklung und die Perspektiven ihrer technischen Realisierung. Mittlerweile ist also die künstliche Intelligenz zu einem realen Problem geworden, was zu einem Gutteil der Mikroelektronik und den mit ihr verbundenen Fortschritten in der Automatisierungs- und Robotertechnik geschuldet ist. Denken wir nur an künftige Roboter, deren Autonomie und Flexibilität, wie Scheler betont, "durch Einbeziehung kognitiver Fähigkeiten"[1] wesentlich erweitert werden kann. Oder betrachten wir den Einzug der Mikroelektronik in das Gebiet der konstruktiven und technologischen Fertigungsvorbereitung. Kochan verweist darauf, daß hierdurch "neue Dimensionen der Rationalisierung von Ingenieurtätigkeiten und der integrierten Informationsverarbeitung" eröffnet werden, die es den Konstrukteuren und Technologen ermöglichen, im direkten Dialog mit der mikroelektronisch ausgerüsteten Informationstechnik anspruchsvolle geistige Prozesse zu bewältigen. [2]

Aber auch viele andere technische Aufgaben, wie z.B. die Automatisierung des Entwerfens von Schaltkreisen und die Selbstdiagnose von Prüfsystemen, bedürfen zu ihrer Lösung der künstlichen Intelligenz.
Man könnte auch so sagen: Wir meinen es ernst damit, den Menschen aus der unmittelbaren Einbindung in den technologischen Prozeß mehr und mehr herauszulösen, ihn von strapaziöser körperlicher und monotoner geistiger Arbeit zu befreien. Daher müssen wir bestimmte geistige Eigenschaften des Menschen technisch nachbilden, um Maschinen zu befähigen, diese bislang vom Menschen verrichteten Tätigkeiten auszuführen. Gleichermaßen ist es unser Ziel, die technischen Möglichkeiten der Mikroelektronik möglichst weit "auszufahren". Das hat jedoch die Konsequenz, den Menschen überall dort gar nicht erst als Akteur in Betracht zu ziehen, wo er hinsichtlich bestimmter körperlicher und geistiger Funktionen prinzipiell überfordert wäre. Das hat aber auch zur Konsequenz, solche geistigen Tätigkeiten, wie sie ursprünglich dem Menschen eigen sind, technisch so zu simulieren, daß sie einerseits schneller, zuverlässiger, störungsfreier und ermüdungsarmer verrichtet und paßgerecht in den technologischen Prozeß integriert werden können. Andererseits müssen sie als technische Analogie

1) Scheler, W.: Zu ausgewählten Aufgaben der Naturwissenschaften und Mathematik bei der weiteren Beschleunigung des wissenschaftlich-technischen Fortschritts, in: Wiss. Zeitschrift der TH Karl-Marx-Stadt, Heft 3/1982, S. 251

2) Kochan, D.: Anwendung der Mikroelektronik in den produktionsvorbereitenden Bereichen in: Nachrichtentechnik-Elektronik, Heft 10/1982, S. 415

zu menschlich-intellektuellen Fähigkeiten für den Menschen dialogfähige und leistungsverstärkende Instrumentarien verkörpern. Schließlich streben wir danach, mit Hilfe der künstlichen Intelligenz unser Denken zum Zwecke seiner Vervollkommnung zu entlasten. Durch die Übergabe von geistigen Operationen an die Technik, von Operationen, die bislang einen ganzen Teil unserer intellektuellen Kapazität in Anspruch nahmen, wird solchen Momenten unseres Erkenntnisprozesses, wie z.B. Abstrahieren, Verallgemeinern, Kombinieren, Analysieren, Entscheiden usw. ein größerer Freiraum gegeben. Hier eröffnen sich also weitreichende Möglichkeiten für die Entfaltung schöpferischen Denkens, die es bereits heute, aber noch viel mehr in naher Zukunft, klug zu nutzen gilt.

Die Entwicklung der künstlichen Intelligenz - und wir stehen hier erst am Anfang eines in allen Details noch gar nicht überschaubaren Fortschritts- bringt also für uns im Sozialismus nichts mit sich, was wir im Prinzip für bedenklich oder gar bedrohlich halten müßten. Sie ist im Gegenteil wiederum eine glänzende Bestätigung unserer dialektisch-materialistischen Natur-, Technik- und Gesellschaftsbetrachtung. Sie offenbart aufs Neue, daß wir kraft wissenschaftlicher Erkenntnis und bewußter Ausnutzung der Naturgesetze in der Lage sind, technische Mittel zu schaffen, die, im Dienste des Menschen stehend, nicht nur seine physischen, sondern auch seine psychischen Wesenskräfte potenziert.

Nun wird aber, wie an anderer Stelle gezeigt wurde, diese optimistische Grundhaltung nicht weltweit bezogen. Und gerade die künstliche Intelligenz ist für die bürgerliche Ideologie ein gern benutzter Aufhänger, um technikpessimistische Auffassungen (wieder) verstärkt zu kultivieren. Wie Nick bemerkt, werden "wesentliche Eigenschaften der modernen Technik - zum Beispiel ihre Fähigkeit, logische Operationen auszuführen - zum Ausgangspunkt neuer Versuche der Dämonsierung der Technik genommen und die Gefahr einer möglichen Verselbständigung der Technik gegen den Menschen, gegen seine sozialen Zwecke und Ziele an die Wand gemalt". [1] Dieser ideologische Tatbestand weist deshalb mit aller Eindringlichkeit darauf hin, daß eine fortschrittsoptimistische Einstellung zur mit künstlicher Intelligenz ausgerüsteten

1) Nick, H.: Fortschritt der Technik und ideologischer Kampf, in: Neues Deutschland, 30./31. Oktober 1982, S. 10.

Technik nur dort als dominierende weltanschauliche Position gedeihen kann, wo die gesellschaftlichen Prozesse in ihrem Wesen begriffen und bewußt gestaltet werden. Die Furcht vor den Folgen künstlicher Intelligenz im Kapitalismus hat also ihre eigentlichen Wurzeln ganz und gar nicht in der "dämonischen" Technik, sondern in der Krise des Systems, in der Nichtbeherrschbarkeit der grundlegenden ökonomischen und sozialen Prozesse. Und unsere optimistische Haltung ist nicht naiver Fortschrittsgläubigkeit, sondern der historisch bedingten Fähigkeit der Arbeiterklasse und ihrer marxistisch-leninistischen Partei geschuldet, mit der wissenschaftlich begründeten Leitung der Gesellschaft zugleich die Technik als eine gesellschaftliche Erscheinung zum Wohle des Menschen zu entwickeln und zu meistern. Wir haben daher absolut keinen Grund, gegenüber der künstlichen Intelligenz mißtrauisch zu sein, in ihrer Entwicklung Gefahren für unsere menschliche Souveränität zu sehen.

Die künstliche Intelligenz ist immer gegenüber der "natürlichen", dem Bewußtsein des Menschen, sekundär. Sie wird immer Teil vom Menschen geschaffener und bezweckter Technik sein. Mit künstlicher Intelligenz ausgestattete Technik übt im Auftrage des Menschen begrenzte Funktionen des Menschen aus, sie ist und bleibt Instrument zur Verlängerung, Verstärkung und Verbesserung der Organe des Menschen. Wir dagegen sind und bleiben "Ensembles der gesellschaftlichen Verhältnisse". Künstliche Intelligenz hat keine Sozietät, sie ist technisches Element im System der gesellschaftlichen Produktivkräfte. Weltanschauliche Reflexionen, in denen Systemen künstlicher Intelligenz die Gefahr menschheitsbedrohender Eigenexistenz zuerkannt wird, gedeihen und vermehren sich dort, wo einerseits die sozialökonomischen Wurzeln negativer Folgen des technischen Fortschritts im Dunkeln bleiben und wo andererseits die Version von der dämonischen Macht der Technik als ideologisches Manipulierungsmittel willkommen ist, um technischen Neuerungen - in diesem Falle der künstlichen Intelligenz - den "schwarzen Peter" zuzuschieben. Es leuchtet ein, daß damit die kapitalistischen Eigentums- und Machtverhältnisse als die Verursacher von Massenarbeitslosigkeit, Zukunftsungewißheit, Sozialabbau und Rüstungswahn aus der Schußlinie genommen werden sollen. Natürlich wird auch uns die Entwicklung und Anwendung der künstlichen Intelligenz neue und bisher unbekannte Probleme bescheren.

Aber ein Problem wird uns grundsätzlich nicht drücken, nämlich das der Angst vor einem unkontrollierbaren Eigenleben der künstlichen Intelligenz, oder genauer gesagt, das der Nichtbeherrschbarkeit ihrer gesellschaftlichen Voraussetzungen und Folgen. Unsere Probleme resultieren in erster Linie daraus, daß wir die Vorzüge des Sozialismus immer besser nutzen, um die künstliche Intelligenz zielstrebig zu entwickeln und in den Dienst der Verwirklichung unserer Wirtschafts- und Sozialpolitik zu stellen. Dazu gehört z.B., daß wir die Möglichkeiten der künstlichen Intelligenz auf ihrer jeweiligen Entwicklungsstufe ausschöpfen, um Vorzüge des Sozialismus, wie z.B. Planmäßigkeit, schöpferische Aktivität des Menschen, Reichtum des Arbeitsinhaltes und anderes mehr, noch breiter zur Entfaltung zu bringen. Wir müssen daher stets im Blickfeld haben, daß der fortschreitende Einsatz von Technik mit künstlicher Intelligenz neue Anforderungen an unser Denken sowie an manche Momente der Arbeitsweise und Arbeitsgewohnheiten stellt. So steht es eben außer Zweifel, daß die Übergabe geistiger Routinetätigkeit an die Informationstechnik dem Menschen mehr Raum für schöpferisches Denken gibt, ihn aber gewissermaßen auch "zwingt", das Denken in komplexen, übergreifenden und gesetzmäßigen Zusammenhängen weiter zu kultivieren. Das erfordert, bestimmte Seiten unseres Denkvermögens zu vervollkommnen, was nicht immer einfach ist, weil gerade diejenigen geistigen Tätigkeiten gefordert sind, die sich durch Denken, durch "Anstrengungen des Begriffs" auszeichnen. Nicht jeder wird von sich aus darauf drängen, geistige Routine durch Schöpfertum zu ersetzen, das bekanntlich auch viel gedankliches Mühen erfordert. Nicht jedem wird es aber auch gegeben sein, dem höheren Anspruch an das Denken ohne zusätzliche Qualifizierung auf theoretischem und methodologischem Gebiet gerecht zu werden. Dabei müssen wir es auch immer wieder lernen, die Möglichkeiten der künstlichen Intelligenz exakt zu bestimmen und sinnvoll zu nutzen. So lassen z.B. schon die bislang gewonnenen Erfahrungen mit der rechnergestützten Tätigkeit der Konstrukteure und Technologen erkennen, daß Neues in die Denk- und Arbeitsweisen der Ingenieure Einzug hält. Im dritten Kapitel werden dazu einige detaillierte Aussagen getroffen. An dieser Stelle sei lediglich hervorgehoben, daß diese mit Elementen der künstlichen Intelligenz ausgestattete Technik nur dann wirksam zur Rationalisierung der geistigen Arbeit beiträgt, wenn der Ingenieur die Voraussetzungen für die Kommunikation mit ihr besitzt. Dazu gehören nicht nur Kenntnisse über die Parameter, die Struktur und die Funktionsprinzipien dieser modernen Informationstechnik, sondern vor allem auch Fähigkeiten, sein Denken in Arbeitsteilung mit der künstlichen Intelligenz noch effektiver zur Wirkung zu bringen. Das erfordert unter anderem vom Ingenieur das Vermögen, dem Rechner und seiner Peripherie all das zu übertragen, was schneller, präziser und zuverlässiger als vom Menschen bewerkstelligt werden kann. Das verlangt die Fähigkeit, die von der Informationstechnik bereitgestellten Datenmengen, Lösungsvorschläge und Entscheidungsvarianten möglichst rasch zu überblicken, selektiv auszuwerten, zu vergleichen sowie zu kombinieren und damit zur Grundlage von Entscheidungen zu machen. All das - darauf sollte besonders aufmerksam gemacht werden - muß der Ingenieur im interaktiven Dialog mit der Informations- und Mikrorechentechnik bewältigen können. Er muß in der Lage und bereit sein, in seinen Denkprozessen den Rechner, den zunehmend "intelligenten" Rechner, als Kooperationspartner zu berücksichtigen, dessen Resultate ständig schöpferisch zu verarbeiten und als Denkanstoß aufzugreifen. Er muß aber auch die Bereitschaft zeigen, seinen Denkprozeß von künstlicher Intelligenz in gewisser Weise inspirieren, aber auch korrigieren und kontrollieren zu lassen. Das bringt natürlicherweise einige Propleme mit sich, weil die Eingliederung der künstlichen Intelligenz in den wissenschaftlich-technischen Erkenntnis- und Schaffensprozeß dialektisch-widersprüchliche Beziehungen auslöst, die auf dem Gebiete geistiger Tätigkeit noch neu und damit ungewohnt sind. So werden z.B. Souveränität, Effektivität und Kreativität des Denkens vergrößert, indem bestimmte Elemente des Denkprozesses erst durch technische Simulation eine Perfektionierung erfahren haben. Auf der anderen Seite wird diese höhere Leistungsfähigkeit der künstlichen Intelligenz erst dann voll wirksam, wenn die für unsere Erkenntnistätigkeit wesensbestimmenden Momente des Denkens weiter vervollkommnet und aktiviert werden. Ohne Zuwachs von Kreativität unseres Denkens könnten daher die Möglichkeiten der künstlichen Intelligenz auch nicht annähernd erschlossen werden. Die künstliche Intelligenz entlastet unser Denken, was wohl außer Zweifel steht. Da wir aber diese Entlastung nicht deshalb anstreben, um mehr Ruhe im Sinne geistiger Trägheit zu bekommen, sondern im Gegenteil, um die Komponenten des Schöpferischen zu stärken, müssen wir - bildlich gesprochen -

die freigewordenen Bereiche unseres Kopfes mit vermehrter Denktätigkeit auszufüllen. Deshalb gibt es für uns auch gar keinen prinzipiellen Grund, besorgt zu sein, daß die künstliche Intelligenz uns überflügelt und beherrscht. Die gesellschaftlichen Verhältnisse des Sozialismus bieten alle objektiven und subjektiven Voraussetzungen, um unter Zuhilfenahme der künstlichen Intelligenz die Souveränität unseres Denkens durch Freiheits- und Persönlichkeitsgewinn weiter auszubauen. Allerdings - und das sei auch an dieser Stelle betont - bewahrt und das nicht vor Problemen, die neu entstehen und die wir sicher auch nicht immer ohne Anstrengungen aktiv bewältigen müssen. So gilt es z.B., auf lange Sicht gesehen, darauf zu achten, daß die technischen Systeme künstlicher Intelligenz überall dort, wo direkte Mensch-Maschine-Kommunikation erforderlich ist, den psychischen und physischen Wesenheiten des Menschen angepaßt werden und nicht wir uns den "Denk"-Mechanismen der Maschine unterordnen. Oder nehmen wir ein Problem aus einem anderen Bereich. Die künstliche Intelligenz auf der Basis der Mikroelektronik macht natürlich auch vor der sogenannten Heim- oder Unterhaltungselektronik nicht halt. Dadurch wird uns auf meist sehr bequeme Weise eine Fülle politischer, kultureller und wissenschaftlicher Informationen erschlossen. Das bringt uns aber nur dann geistige Gewinn, wenn wir die Fähigkeit besitzen und vor allem weiterentwickeln, diese "Flut" von Informationen klassenmäßig zu werten, aus ihr zielgerichtet auszuwählen, sie denkend zu verarbeiten und sie zum Ausgangspunkt eigener Urteils- und Standpunktbildung zu machen. Im Resümee glauben wir daher feststellen zu können, daß die künstliche Intelligenz als vom Menschen geschaffenes, gewolltes und bezwecktes Instrumentarium in dem Maße als gesellschaftliche Erscheinung beherrscht zu werden vermag, wie die Gesellschaft insgesamt in ihrer objektiv gesetzmäßigen Entwicklung erkannt und bewußt gestaltet wird. Es gibt zwischen der gesellschaftlichen Beherrschbarkeit (bzw. Nichtbeherrschbarkeit) der Technik als Ganzes und der künstlichen Intelligenz als Teil keinen grundsätzlichen Unterschied. Prinzipiell unterscheiden sich aber auch hier, wie an anderer Stelle ausgeführt, Sozialismus und Kapitalismus.

Historisch neu ist allerdings der Umstand, daß der Prozeß der Übertragung geistiger Funktionen auf die Technik begonnen hat und in noch gar nicht gänzlich absehbaren Dimensionen fortschreiten wird. Das stellt uns vor noch nicht dagewesene Probleme, die wir aber, wie alles Neue, nicht fürchten, sondern als Herausforderung annehmen. Dabei betrachten wir diesen Prozeß nicht mechanistisch als einseitige Vervollkommnung der Systeme künstlicher Intelligenz, sondern zugleich auch als Weiterentwicklung des Denkens, vor allem seiner schöpferischen Potenzen. Vielleicht könnte man sogar sagen, daß es uns dank der sich entwickelnden und immer besser genutzten Vorzüge des Sozialismus gelingen wird, die mit künstlicher Intelligenz versehene Technik so mit dem Denk-, Erkenntnis- und Arbeitsprozeß zu kombinieren, daß eine neue Qualität der Entdeckung, Formung und Entfaltung der schöpferischen Fähigkeiten des Menschen erreicht wird.

Kapitel 3

MIKROELEKTRONIK UND INGENIEURPERSÖNLICHKEIT

Die bisherigen Ausführungen haben deutlich gemacht, daß die wissenschaftlich-technische Revolution als weltgeschichtlich eingreifender Prozeß nur gemeistert werden kann und nur dann ihre humanen Wirkungen entfalten kann, wenn das leitende Interesse das Wohl des Volkes und die Entfaltung jedes Menschen als Persönlichkeit ist. Das ermöglicht nur der Sozialismus und die klassenlose kommunistische Gesellschaft. Mikroelektronik, Robotertechnik, Lasertechnik, Gentechnik usw. sind so gleichsam Basisprozesse weiterer Menschheitsentwicklung und haben auch in unserem gesellschaftlichen Bewußtsein diesen Stellenwert einzunehmen. Doch handelt es sich bei dem heute begonnenen Prozeß der Verknüpfung der Vorzüge des Sozialismus mit den Errungenschaften der wissenschaftlich-technischen Revolution nicht um einen durch die neuen gesellschaftlichen Verhältnisse gleichsam fest programmierten Prozeß. Vielmehr muß diese für den Sozialismus charakteristische Gesetzmäßigkeit durch massenhaftes, richtiges und engagiertes Handeln durchgesetzt werden. Gesellschaftliche Gesetze verwirklichen sich nicht wie technisch genutzte Naturzusammenhänge, wo man - kurz gesagt - einen materiell-gegenständlichen Zusammenhang konstruktiv und technologisch entwirft und danach fertigt. Gesellschaftliche Gesetzmäßigkeiten enthalten grundsätzlich die Menschen als Elemente des Zusammenhangs, und die Gesetzmäßigkeit existiert durch vielfältig bedingtes, variantenreiches Handeln vieler Menschen. Und zwar setzen sich die Gesetzmäßigkeiten immer als Tendenzen durch. Wir können auch bei unserem sich weiter entwickelnden Sozialismus davon sprechen, daß wir den in unserem System angelegten und historisch notwendigen Entwicklungstendenzen zum Durchbruch verhelfen. Wenn wir solche programmatischen Ausführungen wie die Charakterisierung des entwickelten Sozialismus im Programm der SED oder die zehn Schwerpunkte der ökonomischen Strategie für die 80er Jahre, wie sie auf dem X. Parteitag der SED formuliert worden sind, betrachten, so wird sichtbar, daß wir hier objektive Entwicklungs- und Handlungstendenzen vorliegen haben. Die Hauptaufgaben zu ihrer Durchsetzung sind bestimmt und beschlossen. Die Mittel wissenschaftlicher, technischer, organisatorischer und auch wirtschaftsleitender Art sind weiter zu präzisieren.

Alle diese objektiven Entwicklungstendenzen der Gesellschaft und ihrer Teilsysteme im Sozialismus zielen darauf ab, "die Umstände menschlich zu bilden". [1] Die Lenkung und Beschleunigung des wissenschaftlich-technischen Fortschritts ist dieser Zielstellung ebenfalls unterworfen. Dabei darf es nicht wie in der antagonistischen Klassengesellschaft sein, daß die Umstände des Lebens und der Arbeit nur für wenige menschlich gebildet werden! Für uns ist es heute mit der wissenschaftlich-technischen Revolution an der Zeit, zu fragen, was menschliche Umstände in der Produktion sind, welchen Anteil Technik dabei hat. Ist die Humanisierung des produktiven Lebens der Werktätigen nur ein Problem der Anwendung neutraler technischer Systeme? Zu fragen ist weiter, welche Vorstellungen von "Arbeit" gesellschaftlich sinnvoll sind. "Arbeit als Spiel" oder anstrengungslose Beschäftigung ist immer das Ideal parasitärer Klassen oder der zeitwillige Wunsch gequälter, hoffnungsloser Schichten gewesen! Marx weist darauf hin, daß "'das Individuum, in seinem normalen Zustand von Gesundheit, Kraft, Tätigkeit, Geschicklichkeit, Gewandtheit' auch das Bedürfnis nach einer normalen Position von Arbeit hat, und von Aufhebung der Ruhe, ..."[2]. Dieses Fragen nach dem historisch notwendigen Verständnis von Arbeit hat der Technikwissenschaftler und Ingenieur natürlich weiterzuführen in Richtung des Fragens nach den technischen und auch organisatorischen Arbeitsbedingungen. Es gibt also hier objektive Fragerichtungen und auch ein bis zum historischen Horizont reichendes Feld von Antworten.

Was man heute schon sieht, ist, um im Bilde zu bleiben, von objektiven "Relief" des Feldes abhängig, aber auch vom Standpunkt derer, die dieses Feld erschließen und gestalten müssen. Objektives und Subjektives verbinden sich in den Persönlichkeiten, natürlich auch in denen, die wir als Akteure des wissenschaftlich-technischen Fortschritts bezeichnen, in den Technik- und Naturwissenschaftlern, Ingenieuren, Ökonomen und Facharbeitern. Persönlichkeiten sind vor allem dadurch charakterisiert, daß sie auf klassen-und schichtbestimmte Weise die Gesellschaft und deren Aufgaben, aber auch Entwicklungsprobleme, einzelne derer Lö-

1) Engels, F./Marx, K.: Die heilige Familie, in: MEW, Bd. 2, Berlin 1958, S. 138
2) Marx, K.: Grundrisse der Kritik der politischen Ökonomie. Berlin 1953, S. 505.

sungstendenzen, dem Stand gesellschaftlicher Erkenntnis in arbeitsteiligem historisch konkreten Blick haben. Weiter zeichnen sie sich durch eine Gerichtetheit und Intensität des Wirkens beim Lösen gesellschaftlicher Aufgaben aus, durch Kooperativität, Individualität und eine Reihe psychischer Besonderheiten. Diese sollen uns hier nicht interessieren. Als Persönlichkeit ist man durch seine berufliche Ausbildung und den beruflichen Einsatz <u>zentriert</u>, d.h. viele andere gesellschaftliche Prozesse werden in Bezug auf die eigene berufliche Arbeit gesehen und es wird mehr oder weniger deutlich der Einfluß vielfältiger gesellschaftlicher Faktoren auf das eigene beruflich-gesellschaftliche Wirken gesehen. Hier haben wir seit jeher Tendenzen in der Persönlichkeitsentwicklung zum Spezialistentum oder zum weitgreifenden, "großflächigen", den Tatsachen nur noch Beispielcharakter zugestehendem Denken. Beides ist in dieser Extremposition für den Fortschritt in der sozialistischen Gesellschaft nicht tragbar, denn sie ermöglichen weder dialektisches Denken noch kluges Mitwirken in der Gesellschaft. Es ist deshalb zu fragen, welche Art von Symbiose das notwendige fachliche Spezialisieren und fachübergreifender, gesellschaftlicher, ebenfalls wissenschaftlicher Tief- und Weitblick einzugehen haben.

Das Verhältnis von Objektivem und Subjektivem wurde auf das Subjekt bezogen, insbesondere auf das Bewußtsein. Wir müssen aber auch noch eine andere Seite sehen. Wenn wir heute den wissenschaftlich-technischen Fortschritt auf dem Gebiet der Produktionstechnik, der Technik der Infrastruktur und Kommunikation, der Technik des Konsumgüterbereiches und auch der technischen Basis wissenschaftlichen Arbeitens vorantreiben, so betrifft dieser Fortschritt auch die Arbeit der Natur- und Technikwissenschaftler. Auch hierauf muß sich die Persönlichkeit einstellen, denn Technik verändert die Arbeit. Die Mikroelektronik, Optoelektronik usw. greifen in die Arbeit ein und stellen die Persönlichkeit vor völlig neue Arbeitssituationen und neue Arbeitsteilung. Ist es ein Fortschritt, wenn Arbeitsfähigkeiten und Erfahrungen des Konstrukteurs im Computer "verschwinden" und dem Konstrukteur nun als Computerfähigkeit entgegentreten? In welche Qualifizierungsräume muß er nun vorstoßen? Hat er zukünftig nur die Funktion eines Softwarezuträgers zum Computer, wird er sein "Bediener" oder qualifiziert er sich weiter als "Beherrscher"? Wie muß er seine natürliche Intelligent entwickeln, um der künstlichen Intelligenz überlegener Partner zu sein? Soll die mikroelektronische Informationstechnik so gestaltet werden, daß der Mensch sich ihr anpassen muß, sich zu ihrer Nutzung speziell "dressieren" lassen muß oder müssen wir nicht fordern, daß Technik in ihrer Bedien- und Nutzungsqualität menschengerecht zu sein hat? Weiter ist zu fragen nach der Arbeitsteilung zwischen Mensch und Maschinen, nämlich danach, welche Arbeitstätigkeiten oder Seiten der Arbeitstätigkeit in Wissenschaft, Ingenieurtätigkeit, Produktion, individueller Konsumtion und Freizeittätigkeit an Technik abzugeben sind. Im Computer oder in anderer Technik verschwindet nur das an menschlichen Fähigkeiten und Fertigkeiten, was wir bewußt abgeben. Die Technik nimmt uns nicht die Arbeit, sie ist keine selbständige, aktive Kraft. Deshalb ist es heute so wichtig, über die objektiven Tendenzen, Möglichkeiten und Notwendigkeiten des technischen Fortschritts Überlegungen anzustellen, nicht minder wichtig aber, über die Rolle der Persönlichkeit in dem vielfältig differenzierten wissenschaftlich-technischen und damit gesellschaftlichen Fortschritt.

Technischer Fortschritt und Persönlichkeitsfortschritt - zwei Seiten einer Medaille?

Technischer Fortschritt liegt immer dann vor, wenn
1. funktionelle Vorteile vorhanden sind oder erreicht werden können und 2. strukturelle Vorteile oder Verbesserungen bezüglich der Hersteller oder Anwenderbedingungen nicht Verschlechterungen in funktioneller Hinsicht zur Folge haben. Technischer Fortschritt hat sich also immer in einem neuen Optimum von Leistungsfähigkeit, Materialeinsatz, Energieverbrauch, Wartungsaufwand usw. zu erweisen. Die in der Technikwissenschaft vollzogene Bewertung der technischen Fortschrittsleistung konzentriert sich auf den technischen Gabrauchswert oder die technische Effektivität. Seit jeher ist aber das technische System nicht nur nach diesen Seiten hin bewertet worden. Die Fortschrittsbewertung von Technik muß immer die Grenze vom Inneren des technischen Systems zu seinen vielfältigen Wirkungen im gesellschaftlichen Bereich überschreiten. Wie weit diese Bewertung geht und welche Wertmaßstäbe an die Technik angelegt werden, hängt ab vom Gesellschaftssystem und dem Charakter der dort dominierenden Klasseninteressen, vom Entwicklungsgrad der technischen Ausgestaltung von gesellschaft-

lichen Arbeitstätigkeiten und gesellschaftlichen Beziehungen sowie von dem in den bewertenden Persönlichkeiten vorhandenen Über- und Weitblick im Verhältnis Technik-Gesellschaft.
Aus den gesellschaftlichen Verhältnissen heraus haben wir im Kapitalismus und Sozialismus unterschiedliche Herangehensweisen an den technischen bzw. durch Technik geprägten Fortschritt. Robert Owen beschrieb seinerzeit das kapitalismustypische Verhalten, welches sich auch heute am kapitalistischen Vollzug der wissenschaftlich-technischen Revolution zeigt. "Seit der allgemeinen Introduktion von unbeseelten mechanism in britische Manufakturen, wurden Menschen mit weniger Ausnahme als eine sekundäre und untergeordnete Maschine behandelt, und bei weitem mehr Aufmerksamkeit geschenkt der Vervollkommnung des Rohmaterials von Holz und Metallen als denen von Körper und Geist."[1] Das Kapital in seiner Nacktheit nehmend, konnte Marx die obige Aussage verschärfend feststellen: "Das Kapital fragt nicht nach der Lebensdauer der Arbeitskraft. Was es interessiert, ist einzig und allein das Maximum von Arbeitskraft, das in einem Arbeitstag flüssig gemacht werden kann."[2] Gegen diese menschenvernutzende kapitalistische Produktionsweise setzt Marx die Forderung nach Entfaltung der Individualität des Menschen auf Grundlage der durch die kapitalistische Entwicklung geschaffenen wissenschaftlich-technischen Möglichkeiten. Diesen zwei gegensätzlichen, durch gegensätzliche Klasseninteressen bedingten Herangehensweisen an technischen Fortschritt werden auch bezüglich des Klassenstandpunktes gegensätzliche Persönlichkeitstypen entsprechen. Der Ingenieur im Kapitalismus ist, ob er will oder nicht, gezwungen, den Kapitalinteressen in Form technischer Gestaltung von Produktionsbedingungen zu entsprechen. Das ist ein objektiver Prozeß, dessen subjektive Reflexion unterschiedlich intensiv sein kann. Ja es besteht sogar die Möglichkeit, daß Ingenieure diesen Sachverhalt beklagen und auf humane Veränderung sinnen. Doch stellen sie bezüglich des Grundtyps eine bürgerliche Ingenieurpersönlichkeit dar. Wie im ersten Kapitel dargestellt bzw. angedeutet wird, gibt es natürlich Variantenreichtum im persönlichen Vertreten bürgerlicher Klassenstandpunkte und auch Tendenzen des Näherns an den Klassenstandpunkt der Arbeiterklasse.

1) Ebenda, S. 599

2) Marx, K.: Das Kapital, Bd. 1, MEW, Bd. 23, Berlin 1966, S. 281

Die technische Intelligenz im Sozialismus hat die Aufgabe, an der Seite und als Beauftragte der Arbeiterklasse den wissenschaftlich-technischen und arbeitsorganisatorischen Fortschritt als Moment des gesellschaftlichen Fortschritts des Sozialismus zu gestalten. Ziel ist nicht die Erzeugung von Maximalprofit für eine kleine parasitäre Schicht von Kapitalisten und einen größeren Kreis durch Anteil am Profit Korrumpierter, sondern eine ökonomische und soziale Effektivität des technischen Fortschritts, die der ganzen Gesellschaft und jedem einzelnen zugute kommen soll.

Wir können wohl sagen, daß es bezüglich der Bindung der Ingenieurpersönlichkeit an unterschiedliche Gesellschaftsverhältnisse und gegensätzliche Klasseninteressen einen objektiven Persönlichkeitsfortschritt im Sozialismus gegenüber dem Kapitalismus geben muß. In der täglichen Arbeit wird selbstverständlich darauf keine große Aufmerksamkeit verwandt, ja in der Regel ist auch die Arbeitsweise des Ingenieurs in der bürgerlichen Gesellschaft bezüglich dieser Kapitalbindung unreflektiert. Außerdem ist der fachwissenschaftliche Schwerpunkt der Ingenieurtätigkeit, das technikbezogene Arbeiten, im Kapitalismus und Sozialismus noch weitgehend übereinstimmend. Aus der Einbindung des wissenschaftlich-technischen Fortschritts in den gesellschaftlichen Fortschritt ergibt sich der Zwang zur Parteinahme. Damit diese Parteinahme aber die nötige Tiefe und Intensität hat, ist Verständnis des Charakters, Inhalts und Umfangs der wissenschaftlich-technischen Revolution erforderlich.
Die wissenschaftlich-technische Revolution ist im welthistorischen Sinn die Herausbildung der materiell-technischen Basis der kommunistischen Gesellschaft. Sozial führt sie durch revolutionäre Produktivkraftentwicklung zu weiterer Vergesellschaftung der Arbeit mit allen sich daraus ergebenden Folgen für die Entwicklung des gesellschaftlichen Gesamtsystems, insbesondere für die jeweiligen Produktionsverhältnisse. Ihren wissenschaftlichen Grundlagen nach ist sie ein tiefgründiges und praxisorientiertes Eindringen in subatomare und molekulare Bereiche organisch unbelebter sowie lebender Materie (z.B. Gentechnik) und in den Systemcharakter von Natur, Technik, Gesellschaft, Wissenschaft usw. Technisch bringt die wissenschaftlich-technische Revolution die (flexible) Automatisierung immer weiterer Bereiche der Produktion, die Beherrschung von Energiegewinnungsprozessen langfristiger

oder faktisch unendlicher Nutzungsdauer, die weitere Revolutionierung der Informationstechnik durch Mikroelektronik u.a., die Konstruktion, Herstellung und industrielle Nutzung von Mikroorganismen sowie die Entwicklung weiterer Biotechnologien, die Konstruktion von Materialien nach gewünschten Eigenschaften sowie die sichere und gesellschaftliches Leben optimierende Gestaltung von Makrosystemen im Verhältnis von Natur, Technik und Gesellschaft. Weltanschaulich setzt sie den Zwang, sich Gedanken über den Zusammenhang von wissenschaftlich-technischer und gesamtgesellschaftlicher Entwicklung zu machen, dazu die Vielfalt objektiver Prozesse (d.h. auch gesellschaftlicher) auf wissenschaftliche Weise zum Gegenstand der Erkenntnis und eigener Positionsbestimmung zu erheben sowie individuell engagiert und kooperativ die notwendigen gesellschaftlichen Entwicklungen mit voranzubringen.

Mit der wissenschaftlich-technischen Revolution ist der technische Fortschritt schneller geworden. Mit der Schnelligkeit des technischen Fortschritts in qualitativer und quantitativer Hinsicht sind auch an die Reaktionsschnelligkeit und die Treffsicherheit gesellschaftlicher Entscheidungen im Sozialismus neue Anforderungen gestellt. Massenhafter Einsatz der Mikroelektronik in einer vorerst nur zu erahnenden Menge von Anwendungsfällen ist gesellschaftlich so zu beherrschen, daß keine gravierenden gesellschaftlichen Disproportionen entstehen und Konflikte vermieden werden. Aber es geht nicht nur darum, etwas zu vermeiden, vielmehr darum, erfolgreich und mit langfristiger positiver gesellschaftlicher Wirkung zu gestalten. Mindestens vier gesellschaftliche Wertorientierungen setzt die sozialistische Gesellschaft und das Klasseninteresse der Arbeiterklasse für die Technikentwicklung:

1. Der Stoffwechsel der Menschen mit der Natur muß immer zweckmäßiger und effektiver beherrscht werden.
2. Das Ziel aller Technikentwicklung ist immer die Erleichterung der menschlichen Arbeit und die qualitative Erweiterung des menschlichen Lebens.
3. Die Bedürfnisse des Menschen auf materiellem und geistig-kulturellem Gebiet sowie deren Entwicklung sind Ausgangs- und Endpunkt aller Technikentwicklung.
4. Durch den technischen Fortschritt müssen Entwicklungsbedingungen für den gesellschaftlichen Fortschritt entstehen.

Diese Orientierungen fordern von allen, die durch ihre Entscheidungen und durch ihre Arbeit technisch-gesellschaftliche Realitäten gestalten, ein tiefes Wissen über eben die gesellschaftlichen Zusammenhänge und Wirkungen ihrer Arbeit sowie ein den gesellschaftlichen Wirkungsspielraum entsprechendes Verantwortungsbewußtsein. Dieses Verantwortungsbewußtsein ist eine praxisorientierte Angelegenheit. Am Gestalten der entwickelten sozialistischen Gesellschaft ist jeder als Mitplanender, Mitarbeitender und Mitregierender gefordert, und er hat auch wirklich diese drei Funktionen auszufüllen, sonst entsteht eine "Lücke" im Entwicklungssystem Sozialismus. Ein eventuelles Nur-Spezialistentum, daß zwar ein großes Interesse für das konstruktive und technologische Gestalten rechnergestützten Konstruierens aufbringt, aber die Gesamtentwicklung der Arbeit des Konstrukteurs nicht im Blick hat, entspricht nicht der für den Sozialismus notwendigen Verantwortung.
Die Schnelligkeit des wissenschaftlich-technischen Fortschritts, die Schnelligkeit der Produktivkraftentwicklung bringt die Werktätigen als Schöpfer und Nutzer der mikroelektronisch effektivierten oder qualitativ neuen Technik in ständig neue Arbeits- und Lebenssituationen. Wird das nicht mit gesehen, langfristig mit geplant und auch im eigenen kooperativen Arbeitsstil mit berücksichtigt, so besteht die Möglichkeit, durch technischen Fortschritt auch im Sozialismus soziale Konflikte für den einzelnen, ganze Gruppen oder Berufszweige hervorzubringen. Z.B. ist es erforderlich, daß die im sozialistischen Industriebetrieb freigesetzten Arbeitskräfte wieder so eingesetzt werden, daß ihr Arbeits- sowie Leistungsvermögen wirklich genutzt wird und sie in dieser neuen Arbeit wieder soziales Wohlbefinden erwerben. Geschieht das nicht, so kann sich das für den technischen und gesellschaftlichen Fortschritt hemmend auswirken und würde gegen die Gesetzmäßigkeit der Verbindung der Vorzüge des Sozialismus mit den Errungenschaften der wissenschaftlich-technischen Revolution zumindest äußerlich sprechen. Im Imperialismus wird der Ingenieur auf Grund seines lohnarbeiterischen Abhängigkeitsverhältnisses vom Kapital dafür verpflichtet, die Errungenschaften der wissenschaftlich-technischen Revolution zur Sicherung der kapitalistischen Ausbeutung und imperialistischen Herrschaft einzusetzen. Wenn er nur dieser Verpflichtung folgt, die

er vom Kapital übernommen hat, bleibt er Erfüllungsgehilfe des Kapitals und wird seiner gesellschaftlichen Verantwortung nicht gerecht. Will er dem humanistischen Anliegen der Wissenschaft gerecht werden, muß er sich gegen den kapitalistischen Mißbrauch des wissenschaftlich-technischen Fortschritts wenden. Diesen Raum der Verantwortung muß er sich im gewerkschaftlichen und politischen Kampf gegen Kapitalinteressen erkämpfen, da er ja die Arbeit nicht einfach verweigern kann. Von der Notwendigkeit dieses Kampfes zeugen die Diskussionen zu Werten und Wertmaßstäben der technischen Entwicklung.[1] Im Gegensatz zur Situation des Ingenieurs in der spätbürgerlichen Gesellschaft liegt die Verantwortung des sozialistischen Ingenieurs in dem ihm von der Arbeiterklasse zugewiesenen Schaffensprozeß. Er hat die Aufgabe, den wissenschaftlich-technischen Fortschritt zum Nutzen der sozialistischen Gesellschaft und aller ihrer Bürger voranzubringen. Wir können sagen, daß der Ingenieur im Sozialismus aus diesem Klassenauftrag heraus und unter den objektiven Bedingungen auch einen größeren Arbeitsumfang mit einer anderen sozialen Ergebnisqualität zu leisten hat. Damit ist wissenschaftlich-technischer Fortschritt im Sozialismus auch notwendig mit Persönlichkeitsfortschritt seiner Schöpfer verbunden, denn sie sind nicht nur in einer Verantwortlichkeit, sondern stehen in wahrzunehmender gesellschaftlicher Verantwortung. Durch Wahrnehmen der Verantwortung und durch das Erleben des gesellschaftlichen Wertes der eigenen Arbeitsergebnisse und der persönlichen Wirkungsfähigkeit formt sich die sozialistische Persönlichkeit weiter aus, verarbeitet ihren Erfahrungsfortschritt als Persönlichkeitsfortschritt. Auch der Ingenieur im Imperialismus ist in einem Prozeß des Persönlichkeitsfortschritts, der aber vor allem seine eigene Arbeitsfähigkeit betrifft, jedoch durch Erleben oder Ausstehen der klassenbedingt konflikthaften Situation auch zu progressivem Persönlichkeitsfortschritt sich erweitern kann. Jedoch müssen wir bedenken, daß der Ingenieur im Imperialismus in der Regel in das eiserne Regime der Lohnarbeit, sozialen Unsicherheit und daraus resultiernde egoistische Konkurrenzverhalten eingebunden ist. Vieles von seiner Aktivität und von seinem Erfolgsstreben kommt nicht aus ihm, sondern er gehorcht einem durch das Kapital er-

1) Holz, H.-H.: Zur Kritik der bürgerlichen Technikphilosophie. In: IMSF (Hrsg.): Technik - Umwelt- Zukunft. Frankfurt/M. 1980, bes. S: 92 - 104.

zeugten Druck, dem er mit Leistungsbereitschaft folgt. Die sozialistische Gesellschaft bietet demgegenüber soziale Sicherheit und fordert das bewußte Verwirklichen des Individuums für sich selbst und das gesellschaftliche Ganze. Über die finanzielle und mögliche individual-konsumtive Stimulierung (und Sanktion) hinaus erhält im Sozialismus die Bewußtheit und moralische Selbstbestimmung der Ingenieurpersönlichkeit ein Schwergewicht. Als Arbeits- und Leistungsbereitschaft, Intensität und Richtung beruflicher Interessen, Kritik- und Selbstkritikvermögen, Kooperativität usw. wird sie sich in wechselnden Situationen zu zeigen haben. Wir sind heute in einem Entwicklungsprozeß, in dem diese Persönlichkeitsqualität sich schrittweise auf neue sozialistische oder kommunistische Weise fundiert. Dieser Prozeß vollzieht sich geleitet, und es ist die sozialistische Ideologie, die als einigendes Band die Werktätigen verbindet. Die sozialistische Ideologie wendet sich nicht nur den großen Dingen der Politik zu, sondern sie umfaßt die Parteilichkeit der Wissenschaft und die gesellschaftlichen Probleme der Arbeit. Insofern gehört zum Persönlichkeitsfortschritt beim wissenschaftlich-technischen Fortschritt im Sozialismus ein beständiger persönlicher ideologischer Fortschritt, der sich als Erkenntnis, Einstellung, Arbeitsweise und am Ergebnis zu erweisen hat.

Mikroelektronik und soziale Folgen - Bewußtheit oder Spontaneität?

Von Bewußtheit getragen ist ein gesellschaftliches Handeln, das von Einsicht in die Gesetzmäßigkeiten bestimmt ist sowie die Folgen des Handelns vorhersieht und berücksichtigt. Wenn heute weltweit der wissenschaftlich-technische Fortschritt beschleunigt vorangetrieben wird und die vielfältigen industriellen Entwicklungsprozesse sich mehr und mehr beeinflussen bzw. sogar vernetzen, so ist die Frage nach der Zukunft der Menschheit, der Art und Weise ihres Arbeitslebens und auch nach den technischen Seiten dieser Zukunft legitim. Wir sind heute mit der Mikroelektronik und dem Erschließen ihrer Anwendungsmöglichkeiten bis zum Jahr 2000 dabei, wesentliche Produktivkraft-, Erkenntnis- und Lebensbedingungen für den Beginn des neuen Jahrtausends zu legen. Wie weit ist diese Zukunft in ihrer technischen Seite voraussehbar? Wie weit vermögen wir abzuschätzen, welche Veränderungen durch diesen technischen Fortschritt der Arbeits- und Lebensvollzug der

Menschen erfahren wird? Was ist in dieser Hinsicht anzustreben? Was können wir schon heute für die Zukunft tun? Ist es eventuell besser, klarere Wirkungen des technischen Fortschritts abzuwarten, als heute - im Grunde noch wenige Leute betreffende - Anpassungsprobleme an die Technik ängstlich aufzubauschen?
Für das marxistisch-leninistische Denken ist die geschichtliche Bedingtheit aller unserer Erkenntnis eine Grundposition. "Wir können nur unter den Bedingungen unserer Epoche erkennen und soweit diese reichen." [1] Wodurch ist unsere heutige Epoche bestimmt. Wir sind in der Epoche des weltweiten Übergangs vom Kapitalismus zum Sozialismus und zugleich in der wissenschaftlich-technischen Revolution, ein Prozeß, der Widersprüche unserer Epoche selbst mit ausdrückt und verstärkt. Die sozialökonomische Epochebestimmung ist durch die von den Gesellschaftswissenschaften erbrachten Leistungen der Erkenntnis der entwickelten sozialistischen Gesellschaft und des Übergangs zur kommunistischen Gesellschaft konkretisiert worden. Je weiter unsere Zukunftsaussagen hinausreichen, so allgemeiner und prinzipieller werden sie ihrem Charakter nach, denn die Zukunft ist in ihren Einzelheiten nun einmal nicht voraussehbar. Unsere gesellschaftliche Zukunft ist aber insofern geistig konkretisierbar, da wir sie als Programm gesellschaftlicher Entwicklung fixiert haben und mit Jahres-, Fünfjahr- sowie Perspektivplänen weiter bestimmen. Sofern es uns gelingt, unser Handeln planmäßig zu vollziehen, erreichen wir mit großer Sicherheit die projektierte Zukunft. Und doch wird es immer neue Probleme, Unvorhergesehenes und Unvorhersehbares geben.
Welche Reichweite haben die Bedingungen der wissenschaftlich-technischen Revolution? Hier sind wir derzeit in einer erkenntnismäßigen Zwickmühle. Zu den Bedingungen der wissenschaftlich-technischen Revolution gehören die sozialökonomischen und Herrschaftsbedingungen! Die wissenschaftlich-technische Revolution vollzieht sich in zwei Gesellschaftssystemen; zumindest beginnt die wissenschaftlich-technische Revolution auch im Imperialismus. Doch aus den obigen Bestimmungen der wissenschaftlich-technischen Revolution und unserer Einsicht in die gesellschaftliche Entwicklung existieren realistische Zukunftsvorstellungen, prinzipielle

1) Engels, F.: MEW, Bd. 20, Berlin 1962, S. 508

Wegbestimmungen und ein insgesamt inhaltlich hohes Niveau der Einsicht in den Gesamtprozeß. Jedoch ist es nicht einfach, die nächsten Schritte in die technische und gesellschaftliche Zukunft so vorauszusehen und so zu gehen, daß der Fortschritt in seinen gesamten Dimensionen am einzelnen sichtbar wird. Manchmal können wir besser in die Zukunft im Sinne des Historisch-Notwendigen und des "Wünschenswerten" hinausschauen, als in die konkrete Vielfalt der Folgen von begonnenen Maßnahmen. Wir können Aussagen über neuere Basisinnovationen und Basistechnologien machen sowie ihre progressive Nutzbarkeit. Wir studieren aber auch Einsatzfälle und können feststellen, daß in der Regel das Ideal befriedigender Arbeit nicht am Beginn der Konstruktions- oder Projektphase gestanden hat. Schwierigkeiten bereitet es uns, technische, ökonomische und besonders soziale Effektivität in Einheit zu sehen und praktisch zu berücksichtigen. Nicht zu unterschätzen sind Momente, die mit der Kontinuität des technischen Fortschritts und der formenden Kraft technischer Lösungsvorbilder verbunden sind. Neue Technik muß mit der vorhandenen Technik in der Regel kompatibel sein. Sie hat auch immer einem bestimmten historischen Stand technisch-ökonomischer Anforderungen zu entsprechen. Dabei ist zu beachten, daß persönlichkeitsfördernde Wirkungen der Technik (bisher) nicht in ökonomischen Wertausdrücken erfaßt werden können. Die Seite Mensch - Technik wird heute von den Arbeitswissenschaften untersucht und zum Abbau einseitiger Belastungen werden vor allem arbeitsorganisatorische Maßnahmen vorgeschlagen. Eine als Arbeitsmittel andere Technik, d.h. in ihrer Wirkung auf die Arbeitsgegenstände, wird es nur im Sinne der Höherentwicklung der Technik und des Nutzungsniveaus objektiver technischer Gesetze [1] geben. Dabei ist zu beachten, daß es eine Vielfalt von Technisierungsstufen gibt, die in der Geschichte der zukünftigen Gesellschaft erhalten bleiben. Bezüglich der Technikentwicklung können wir feststellen, daß wir Fortexistenz und Akkumulation von Technisierungsstufen haben, wobei sich die flexible Automatisierung enorm verstärken wird und eine Einheit von Dezentralisierung und Zentralisierung der Informationsverarbeitung nie geahnten Ausmaßes stattfindet.

---

1) Hochmuth, G.: Zu einigen Aspekten der Aufdeckung und Ausnutzung von Gesetzen in der Technologie. In: Konferenzmaterial: Entwicklungsprobleme der Technikwissenschaft in erkenntnistheoretischer und methodologischer Sicht, Karl-Marx-Stadt 1979, S. 177 ff.

Dieser rasante technische Wandel bringt naturgemäß für den Menschen vielfältige Probleme, die in und außerhalb seiner Berufstätigkeit entstehen. Die Probleme sind heute in ihrer Vielfalt nur zu erahnen oder zu vermuten, sie sind jedoch qualitativ schon grob bestimmbar und betreffen vor allem die Persönlichkeiten und ihre Arbeit. Der Mensch und seine immense Arbeitsfähigkeit müssen Ausgangspunkt aller technischen, organisatorischen und bildungspolitischen Maßnahmen sein. Dabei geht es nicht um die Beseitigung körperlicher Arbeit als geschichtlichem Endresultat des technischen Fortschritts, sondern um solche gesamtgesellschaftlichen und einzelnen Arbeitsbedingungen, die der Individualität der Persönlichkeit einen solchen Entfaltungsraum geben, der Spezialisierung ohne Vereinzelung ermöglicht. Noch ist die Arbeitsteilung so, daß im Rahmen des gesellschaftlichen Gesamtarbeiters Extreme verteilt werden. Wie ist das zu verstehen? Ausgeglichene menschliche Arbeit zeichnet sich aus durch einen Wechsel von geistig-schöpferischen, geistig-methodischen (Regeln anwenden), geistig-repetieven, beobachtenden, manuell-variierenden, manuell-repetieven Arbeitsphasen sowie durch eine Vielfalt von Arbeitsinhalten und durch zeitlich-räumlich-inhaltlich-methodische Eigendisposition. Reduziert sich die Arbeit des Werktätigen auf beobachtende oder manuell-repetive Arbeit, so ist sie einseitig geworden und es kommt zu bewußten oder unbewußten negativen Reaktionen der betroffenen Personen. Es wird aus Gründen sozialistischer Humanität, ermöglicht durch sozialistische Produktionsverhältnisse, in unserem wissenschaftlich-technischen Fortschritt zu einer gesellschaftlichen Bereicherung der Arbeit kommen. Das ist als allgemeine Gesetzmäßigkeit des technischen Fortschritts im Sozialismus zu bezeichnen, die natürlich durchgesetzt werden muß. Im Imperialismus wird die gewerkschaftlich kämpfende Arbeiterklasse zumindest Teilerfolge auf diesem Weg erringen.

Wir haben jetzt aus den Bedingungen der Epoche heraus sichtbare objektive Tendenzen des technischen Fortschritts und seiner gesellschaftlichen Wirkungen nennen können. Diese objektiven Tendenzen müssen in der Arbeit der Natur- und Technikwissenschaftler, des Ingenieurs und Facharbeiters verwirklicht werden. Wie engagiert die einzelnen Persönlichkeiten und wie die Kollektive in diesen Prozeß einsteigen, hängt von objektiven Arbeitsbedingungen, fachlichen Arbeitsfähigkeiten und von dem vorhandenen Niveau gesellschaftlichen Bewußtseins ab. Dieses gesellschaftliche Bewußt-

sein existiert zwar immer in informationellen Speicherformen, wird aber nur zum wirksamen Faktor, wenn es als individuelles Bewußtsein der Persönlichkeit auftritt. Mit Engels können wir betonen, "daß alles, was einen Menschen bewegt, den Durchgang durch seinen Kopf machen muß ... . Die Einwirkungen der Außenwelt auf den Menschen drücken sich in seinem Kopf aus, spiegeln sich darin ab als Gefühle, Gedanken, Triebe, Willensbestimmungen, kurz, als 'ideale Strömungen', und werden in dieser Gestalt zu 'idealen Mächten'".[1)]
Welches sind nun heute die konstitutiven Momente gesellschaftlicher Bewußtheit bei der massenhaften Einführung der Mikroelektronik, und was bestimmt den weiteren Prozeß der Entwicklung der Ausprägung dieser technikwissenschaftsbezogenen Bewußtheit?
Erstens bestimmen Klasseninteressen Ziel und Richtung des gesellschaftlichen Erkenntnisprozesses. In der sozialistischen Gesellschaft dient die Entwicklung der Mikroelektronik als Moment der Produktivkraftentwicklung einer von Ausbeutung freien Gesellschaft. Es existieren keine gesellschaftlichen Interessen und Kräfte, die dieses neue Mittel gegen die Werktätigen einsetzen könnten. Demzufolge ist die Einschätzung der Mikroelektronik und der Wirkungen ihres Einsatzes nicht von Furcht und Pessimismus gekennzeichnet, sondern vom Optimismus prinzipieller Lösbarkeit aller auftauchenden Probleme und von der Zuversicht, gesellschaftliche Ziele in gemeinsamer Arbeit zu erreichen. Die Gesellschaftswissenschaften haben sich heute in der sozialistischen Gesellschaft diesen Problemen zuzuwenden und die sozialistische Bewußtseinsbildung hat diese Ergebnisse zu vermitteln.
Zweitens garantieren die sich weiterentwickelnden sozialistischen Produktionsverhältnisse den menschengerechten technischen Fortschritt über das uns aus dem Kapitalismus überkommene und noch längere Zeit gemeinsame Technikniveau. Zwar wird die Arbeit nie Zerstreuung schaffendes Spiel, aber die neuen sozialistisch-kommunistischen Produktionsverhältnisse der Kameradschaftlichkeit und gegenseitigen Hilfe fordern ein technologisches und organisatorisches Niveau der Produktion, das der Individualität und der Kollektivität erweitert Raum schafft. Diese neuen Produktionsverhältnisse mit ihren neuen Wirkungen müssen objektiv erlebbar und bewußt gemacht werden! Heute freilich bringen die ersten Schritte der Einführung der Mikroelektronik in die Pro-

1) Engels, F.: Ludwig Feuerbach und der Ausgang der klassischen deutschen Philosophie, MEW, Bd. 21, Berlin 1962, S. 281 f.

duktion, aber auch in die Arbeit des Konstrukteurs mitunter Probleme der Vereinzelung und Isolation am Arbeitsplatz sowie den Verlust zwischenmenschlicher Kommunikation. Diesen, unserer Auffassung nach nicht der Technik anzulastenden Erscheinungen, müssen Technik- und Arbeitswissenschaften frühzeitig begegnen.
Drittens muß natürlich die wissenschaftlich-technische Revolution von den Natur- und Technikwissenschaften sowie den mit ihnen hier engstens zu verbindenden Gesellschaftswissenschaften in den Einzelheiten erforscht, konzipiert, entworfen, erprobt und durchgeführt werden. Die massenhafte und vielseitige Einführung der Mikroelektronik verlangt ein wissenschaftsintegratives Systemdenken. Es geht hierbei nicht um das Schaffen hochabstrakter Systementwürfe, sondern um das Analysieren realer und das zuerst gedankliche Synthetisieren realer Systeme. Deren durch unterschiedliche Wissenschaften zugängliche Seiten müssen erforscht und erkenntnisgeleitet eingerichtet werden. Wir sind in der Epoche der wissenschaftlich-technischen Revolution, stehen aber zugleich doch wohl noch am Anfang. Vieles aus der Zukunft ist nur noch nicht zugänglich. Für alle Prognosen über Einzelprozesse und damit zusammenhängende Problembearbeitungen ist eine empirische Basis erforderlich. Wir haben als empirisch schon belegbare Erkenntnis und Überzeugung, daß der für den Kapitalismus typische profitorientierte und menschenfeindliche Vollzug der wissenschaftlich-technischen Revolution vermieden werden muß, eine Effektivierung technischer Parameter sich nicht gegen den Benutzer oder andere Werktätige richten darf, die durch jede Nutzung von Technik und damit auch der Mikroelektronik mögliche Vereinseitigung der Arbeit vermieden werden muß und daß der Mensch in der Zukunft mit Informationssystemen und künstlich intelligenten Maschinen zusammenzuarbeiten hat. Diese Grunderkenntnisse und Positionen geben den Wissenschaften den Suchraum für zu verwirklichende technisch-gesellschaftliche Entwicklungen. In diesem Suchraum wird beim Vorstoßen Erkenntnis gewonnen, die in unsere Bewußtheit einzufließen hat. Unsere marxistisch-leninistische Bewußtheit unterliegt einem beständigen Höherentwicklungsprozeß.
Viertens bietet die marxistisch-leninistische Weltanschauung in der Einheit ihrer Bestandteile sowie einzelnen Disziplinen (beispielsweise den "Philosophischen Fragen der Technikwissenschaften und der Ingenieurtätigkeit") einen sicheren weltanschaulichen und methodologischen Kompaß. Engels betont die Notwendigkeit der Ent-

wicklung der materialistischen Weltanschauung. "Mit jeder epochemachenden Entdeckung schon auf naturwissenschaftlichem Gebiet muß er seine Form ändern; und seitdem auch die Geschichte der materialistischen Behandlung unterworfen, eröffnet sich auch hier eine neue Bahn der Entwicklung."[1] Wenn mit den Entdeckungen der wissenschaftlich-technischen Revolution auch keine "neue Bahn der Entwicklung des Materialismus" beschritten werden muß, so erfordert ihre geistige Bewältigung doch eine Intensivierung der philosophischen, politökonomischen usw. Erforschung des wissenschaftlich-technischen Fortschritts und seiner Gesellschaftslichkeit. Wir können prinzipiell feststellen, daß die Entwicklung der Mikroelektronik und ihre Anwendung im Sozialismus mit Bewußtheit geschieht, aber nicht mit Allwissenheit. Mit Bewußtheit bezeichnen wir einen Typ gesellschaftlichen Handelns, in welchem die gesetzten und wissenschaftlich begründeten Ziele gesellschaftlicher Entwicklung erreicht werden. Das für die antagonistische Klassengesellschaft typische Mißverhältnis von gesellschaftlichen Zielvorstellungen und erreichten Resultaten wird durch den Kampf der Arbeiterklasse und den Sozialismus überwunden. Die sozialistischen Produktionsverhältnisse, die führende Rolle der Partei der Arbeiterklasse sowie die Einheit von Partei und Volk geben objektiv neue gesellschaftliche Entwicklungsbedingungen, durch die auch die Dialektik von Bewußtheit und Spontaneität gesellschaftlichen Handelns sich qualitativ verändert. Für den Kapitalismus in all seinen Entwicklungsstadien ist es typisch, daß die unkontrollierten gesellschaftlichen Kräfte (auf der Jagd nach Profit befindliche Kapitale) weit mächtiger sind, als die planmäßig in Bewegung gesetzten (staatliche Regulierungen, Planungsempfehlungen usw.). Für den Sozialismus ist es dagegen typisch, daß die planmäßig in Bewegung gesetzten Kräfte weit mächtiger sind, als die unkontrollierten Kräfte (Kleineigentümer, Persönlichkeiten mit der Vielfalt und unterschiedlichen Schwerpunktsetzung ihrer Interessen usw.). Die gesamtgesellschaftliche Entwicklung ist durch Bewußtheit charakterisiert. Jedoch ergibt sich aus der Komplexität jedes gesellschaftlichen Entwicklungsprozesses, aus Entdeckung und Erfindung des Neuen, aus der natürlichen Interessenvielfalt der Handelnden auch immer Unvorhersehbares. Dies hat entweder die Qualität einer Formung bzw. Ergänzung der angestrebten gesellschaftlichen Entwicklungsresultate oder die Qualität eines positiv bzw. negativ zu wertenden, nicht vorhersehbaren Handlungs-

oder Entwicklungsergebnisses. Immer gibt es dafür objektive oder auch subjektive Ursachen. Wichtig ist es, in der wissenschaftlichen Analyse und Leitung der gesellschaftlichen Entwicklungsprozesse das nicht Vorhergesehene oder nicht Vorhersehbare schnell zur Kenntnis zu nehmen und im weiteren Handeln zu berücksichtigen. Das setzt eine permanente Qualifikation in der Einheit von gesellschaftswissenschaftlichem und jeweils fachwissenschaftlichem Denken voraus. Dies wiederum ist von Einstellungen und Haltungen der Persönlichkeiten und der Kollektive abhängig, nämlich davon, wie der für den Sozialismus charakteristische Handlungstyp der bewußten Verwirklichung der Einheit von gesellschaftlichen und persönlichen Interessen ausgeprägt ist.

Es wird beim wissenschaftlich-technischen Fortschritt immer viele Wirkungen geben, und eine Teilklasse derselben sind die sozialer Art.[1] Davon sind, beispielsweise durch den Einsatz der Mikroelektronik, die Abnahme geistig-monotoner Routinearbeiten, die Echtzeitverarbeitung von Informationen, die Steuerung von Robotern zur Beseitigung schwerer monotoner körperlicher Arbeit sozial erwünschte Folgen, und sie sind sogar der Grund für diese technischen Entwicklungen. Andererseits haben wir derzeit häufig Monotonieerscheinungen mit der Einführung automatisierter Produktion, Polarisierung von Qualifikation, einseitige Extrembelastungen usw. Wir sollten deshalb diese Bezeichnung "Folgen des wissenschaftlich-technischen Fortschritts" nicht von vornherein negativ belegen oder mit negativem Akzent versehen. Vielmehr ist es nötig, das ganze Spektrum von Nah- und Fernwirkungen der wissenschaftlich-technischen Revolution im Blick zu behalten und immer aufs Neue die Entwicklungen in ihrem Verlaufe abzuschätzen, das nach dem jeweiligen Erkenntnisstand sowie vorhandenen objektiven Bedingungen erreichbare Optimum anzustreben, sich des geschlossenen Kompromisses bewußt zu sein und weiter nach technisch-sozial besseren Lösungen zu streben. Als wissenschaftliches und gesellschaftliches Ideal sollte gelten, daß man sich so weit wie es die Wissenschaften und die eigene Erfahrung ermöglichen, um die Abschätzung der Wirkungsvielfalt der eigenen wissenschaftlichen, technischen und ökonomischen Entscheidungen bemüht sowie die

1) Vgl. Schellenberger, G./ Ullmann, A.: Soziale Effekte beim Einsatz der Industrierobotertechnik. In: Gesellschaftliche Probleme der automatischen bedienarmen Produktion, der Robotertechnik und der Mikroelektronik, Karl-Marx-Stadt 1982, S. 70 - 76

in höheren Leitungsebenen getroffenen Entscheidungen in diesem Sinne nachvollzieht und sie mit verwirklicht. Die wissenschaftlichen Grundlagen sind dafür erweitert zu reproduzieren, denn der gute Wille allein reicht natürlich nicht aus. "Vor allem sollten die Gesellschaftswissenschaftler jene ökonomischen, sozialen, staatlich-rechtlichen und ideologischen Bedingungen und Erfordernisse aufdecken, die dazu führen, den wissenschaftlich-technischen Fortschritt weiter zu beschleunigen und seine ökonomische und soziale Wirksamkeit zu erhöhen."[1] Im Mittelpunkt dieser Forschungen steht der sozialistische Werktätige, dem wissenschaftlich-technischer Fortschritt direkt oder indirekt zugute kommen soll. Insofern verstehen wir unter "sozialer Wirksamkeit" natürlich die positiven Wirkungen. Was sind aber positive Wirkungen? Es geht nicht nur um "leichter", "schöner", "gefahrloser", "leiser", "zeitlich kürzer", sondern auch um "anspruchsvoller", "höhere Qualifikation erfordernd", "Anstrengung verlangend", "Engagement voraussetzend", "Disziplin und Fleiß erzwingend" usw. Mit Bewußtheit den technischen Fortschritt im Sozialismus voranzutreiben bedeutet also auch, zukünftige Persönlichkeitsanforderungen vorauszusehen, sie langfristig zu planen und beizeiten als gesellschaftliche Normen zu fixieren. Im Prozeß des wissenschaftlich-technischen Fortschritts wird es für den einzelnen oder auch viele Kollektive zweifellos Folgen geben, die zur Bewältigung große Anstrengungen erfordern und manchen in Konfliktsituationen kürzerer und längerer Dauer bringen können. Mit Bewußtheit den technischen Fortschritt im Sozialismus voranzutreiben, bedeutet nicht nur von den höchsten Ebenen der gesellschaftlichen Leitung Entwicklungen zu koordinieren, sondern auch in Forschung und Entwicklung sowie in der Ebene der Produktion sich in der Bewußtheit der Mitwirkung beständig zu qualifizieren. Dafür sind gesellschaftliche Angebote zu erarbeiten und Kommunikationsformen anzubieten, aber letztlich muß sich jeder selbst qualifizieren.

Mikroelektronik und geistig-kultureller Fortschritt

Mit dem Sozialismus haben wir gesellschaftliche Zustände endgültig überwunden, in denen die Herrschenden als kulturvoll galten und die Beherrschten als höchstens zivilisiert. Unsere gesellschaftliche Entwicklung lenken wir zu immer besseren Existenzbe-

---

1) Bericht des ZK der SED an den X. Parteitag der SED. Berichterstatter: Gen. Erich Honecker, Berlin 1981, S. 91

dingungen und Verwirklichungsräumen allseitig sich entwickelnder sozialistischer Persönlichkeiten. In diesem Sinne ist die wissenschaftlich-technische Revolution Bedingung und Herausforderung für die sozialistische Persönlichkeitsentwicklung. Unser Verständnis von Kultur reduziert sich nicht aufs Geistige oder noch enger aufs "Künstlerische". "Unsere Kulturpolitik richtet sich auf die Förderung und Entwicklung der sozialistischen Arbeitskultur, den Schutz und die Gestaltung der Umwelt, die Kultur in den menschlichen Beziehungen und im persönlichen Lebensstil ebenso wie auf die Verbreitung der wissenschaftlichen Weltanschauung, die Förderung von Wissenschaft und Bildung, die Pflege und Aneignung des humanistischen Kulturerbes, den Aufschwung der Kunst und ihre gesellschaftliche Wirksamkeit, die Entwicklung aller schöpferischen Begabungen und Talente des Volkes." [1] Beim weiteren Aufbau der entwickelten sozialistischen Gesellschaft "müssen Kultur und Kunst stets unsere Waffe und unser Weggefährte sein. Denn unsere sozialistische Kultur und Kunst ist berufen, die Größe und Schönheit des schon Erreichten, aber auch des noch zu Erreichenden bewußt zu machen. Sie muß die Phantasie, den Willen, die Entschlossenheit, den Mut und die revolutionäre Leidenschaft entwickeln, mit allen Schwierigkeiten fertig zu werden und den Kurs zum Kommunismus konsequent einzuhalten". [2] Wir umfassen mit dem Kulturbegriff die historisch erworbenen materiellen gesellschaftlichen Existenz- und Entwicklungsbedingungen, den durch Wissenschaften, Künste und soziale Erfahrung erworbenen geistigen Reichtum sowie die gesellschaftlich wertvollen Denk- und Verhaltensqualitäten der Persönlichkeiten, also alles das, was die jeweilige historische Qualität des Menschseins ausmacht. Dabei sehen wir die Entwicklung der geistigen Kultur und der Verhaltensqualitäten im objektiven Zusammenhang mit dem Entwicklungsgrad des Gesellschaftssystems. So überraschen uns nicht Unterschiede im Kulturniveau von Persönlichkeiten in der sozialistischen Gesellschaft, und so ist uns der Kulturverfall im Imperialismus sowie seine ideologische Reflexion wissenschaftlich aufklärbar.
Die Entwicklung der Mikroelektronik hat als Basisinnovation, die materielles und geistiges Produzieren sowie mehr und mehr Kommunikationsprozesse betrifft, auch einen großen Einfluß auf die ge-

1) Hager, K.: Antwort auf Fragen zur Kulturpolitik. In: Ders. Beiträge zur Kulturpolitik, Berlin 1981, S. 177.

2) Hager, K.: Wie Kultur den Frieden, so braucht Frieden die Kultur. In: Neues Deutschland, 23./24. Oktober 1982, S. 5

samte Kulturentwicklung. Historisch stehen wir in der entwickelten sozialistischen Gesellschaft im großen Prozeß der Überwindung der durch den Kapitalismus vollzogenen Zerstörung der Einheit menschlicher Betätigung und Lebensäußerung.

Die Polarisierung von Ausgebeuteten und Ausbeutern im Kapitalismus führte dazu, daß die Arbeiter in eine vereinseitigende Arbeitsteilung technisch, sozial und bildungsmäßig eingezwängt wurden und "Kultur" sich auf der Seite des Kapitals und ihrer ideologischen Vertreter konzentrierte. Der Zugang zur Bildung, Wissenschaft und Kunst wurde der arbeitenden Klasse durch Mangel an Zeit und Geld sowie durch Vernichtung von Bildungsinteresse und Gewöhnung an ein persönlichkeitsentleerendes Freizeitverhalten verbaut oder doch zumindest stark erschwert. Auch heute beobachten wir einen beständigen Raubzug des Kapitals auf die Taschen und Hirne der Werktätigen durch Angebote billigen Vergnügens und Erzeugung künstlicher Bedürfnisse. Hier ergeben sich durch die Mikroelektronik neue Möglichkeiten zur Ausdehnung der ideologischen Herrschaft des Kapitals. Das liegt aber nicht an der mikroelektronischen Technik, sondern einzig und allein an den Inhalten, die in die Informationssysteme eingegeben werden und die durch die manipulativ vordeformierten Bürger abgerufen werden. Mikroelektronik ermöglicht weiter eine umfassende Kontrolle der Werktätigen, sei es durch die Erfassung aller persönlichen Daten zu Herrschaftszwecken, die Kontrolle der beruflichen Leistungsfähigkeit, ihres Kaufverhaltens, usw. Durch den Einsatz moderner Informationstechnik versucht der Imperialismus, seine Herrschaft zu stabilisieren und die Werktätigen zu ängstlicher Anpassung und Konformität zu zwingen. Wir können dies als neue Seiten der Verelendung der Werktätigen im Kapitalismus bezeichnen, gegen die von der revolutionären Arbeiterbewegung, den Gewerkschaften und progressiven Organisationen bzw. Persönlichkeiten angekämpft wird.

Die Entwicklung des Kapitalismus hat aber auch die Herrschenden und die von ihnen zur Herrschaftssicherung herangezogenen Schichten der Intelligenz kulturell vereinseitigt. Oswald Spengler hat vor über fünfzig Jahren eine scharfe Skizze spätbürgerlichen Lebensniveaus, empfundener Ohnmacht und der Angst vor der Zukunft gegeben, die nichts von ihrer spätbürgerlichen Aktualität eingebüßt hat.

Er behauptet, daß Kultur im Laufe der Geschichte zur Zivilisation herabgesunken sei und damit ihrem Untergang entgegengehe. "Eine künstliche Welt durchsetzt und vergiftet die natürliche. Die Zivilisation ist selbst eine Maschine geworden, die alles maschinenmäßig tut oder tun will. Man denkt nur noch in Pferdekräften. Man erblickt keinen Wasserfall mehr, ohne ihn in Gedanken in elektrische Kraft umzusetzen. Man sieht kein Land voll weidender Herden, ohne an die Auswertung ihres Fleischbestandes zu denken, kein schönes altes Handwerk einer urwüchsigen Bevölkerung ohne den Wunsch, es durch ein modernes technisches Verfahren zu ersetzen."[1] Aber:"Eine Müdigkeit verbreitet sich, eine Art Pazifismus im Kampfe gegen die Natur. Man wendet sich zu einfacheren, naturnäheren Lebensformen, man treibt Sport statt technischer Versuche, man haßt die großen Städte, man möchte aus dem Zwang seelenloser Tätigkeiten, aus der Sklaverei der Maschine, aus der klaren und kalten Atmosphäre technischer Organisation heraus ... Bald werden nur noch Talente zweiten Ranges, Nachzügler einer großen Zeit, verfügbar sein." [2] Die Talente "ersten Ranges" ziehen aus Wissenschaft, Technik und Organisation aus. "Technikersinn" treibe die Menschheit zum Untergang. Hier ist insofern etwas dran, als das Kapital sich Ingenieure wünscht und an ihrer Erziehung arbeitet, die ihre ganze Aufmerksamkeit den technischen Entwicklungen sowie Funktionsabläufen zuwenden und höchstens aus den Augenwinkeln noch soziale Belange der Werktätigen im Blick haben sollen. Für den "sozialen Frieden" gibt es wieder andere Beauftragte des Kapitals, die sogenannte "Kulturszene" wird wieder durch andere abgedeckt. Auch Friedrich Rapp, ein Westberliner Technikphilosoph konstatiert die "traditionelle Vorherrschaft des humanistisch-historischen Bildungsideals". "Im Zuge einer Gegenbewegung wird zwar heute allgemein die Bedeutung der naturwissenschaftlich-technischen Ausbildung stärker hervorgehoben. An die Stelle eines kontemplativen Humanismus tritt dabei weithin ein rein erfolgsorientierter Technizismus. Dieser Wechsel der Extrempositionen führt dann zu der unglücklichen Gegenüberstellung von Natur- und Geisteswissenschaften als den 'zwei Kulturen'." [3] Rapp schlägt eine Ehe von "erfolgsorientiertem Technizismus" und "kontemplativen Humanismus" vor. Das ist zwar nur ein philosophi-

1) Spengler, O.: Der Mensch und die Technik, München 1931, S. 78 f.

2) Ebenda, S. 81 f.

3) Rapp, F.: Analytische Technikphilosophie. Freiburg-München 1978, S. 9.

sches Spekulationsprodukt, charakterisiert aber sehr schön die Situation der Ingenieure in der kapitalistischen Gesellschaft, wohl humanistisch sinnen zu dürfen, aber beruflich eben nur Kapitalinteressen erfolgsorientiert realisieren zu müssen. Die Mikroelektronik verschärft unter kapitalistischen Verhältnissen auch die Vereinseitigung der Ingenieurtätigkeit, denn sie unterwirft die Ingenieurarbeit selbst der Taylorisierung. Der Reichtum von Tätigkeiten auf Ingenieurniveau, den der einzelne wahrzunehmen in der Lage wäre, reduziert sich für die meisten durch die immer stärkere Arbeitsteilung. Die Bildschirmarbeitsplätze sind dafür das aktuelle Beispiel.
Wir können feststellen, daß der Kapitalismus von der durch ihn erzeugten "Kulturlosigkeit" oder kulturellen Einseitigkeit der Werktätigen weiter lebt und seine Existenz verlängert. Alle technischen Fortschritte, insbesondere die auf informationstechnischem Gebiet, wird er in diesem Sinne nutzen. Insofern ergeben sich durch die Entwicklung der Mikroelektronik weitere Gefahren für den geistig-kulturellen Fortschritt der Werktätigen im Imperialismus.
Im Gegensatz zum Imperialismus basiert jeder Entwicklungsschritt im Sozialismus auf der geistigen Kultur der wissenschaftlichen Weltanschauung der Arbeiterklasse, der Einheit von Natur-, Technik- und Gesellschaftswissenschaften und der politisch-moralischen Einheit. "Heißt dies, daß der Fortschritt von Wissenschaft und Technik im Sozialismus keine Probleme hervorruft? Natürlich nicht. Aber das kann mit Gewißheit gesagt werden: Die sozialistische Gesellschaft besitzt die gesellschaftlichen Voraussetzungen, unerwünschte Wirkungen von Wissenschaft und Technik im Interesse der Werktätigen einzugrenzen oder gar auszuschalten."[1] Unter sozialistischen Bedingungen hat die wissenschaftlich-technische Revolution einen humanistischen Inhalt, der durch die Arbeit der Wissenschaftler, Ingenieure und Facharbeiter immer wieder erweitert reproduziert werden muß.

Da die wissenschaftlich-technische Revolution durch Persönlichkeiten gemacht wird und der bewußt hineingelegte Inhalt, aber auch das unbeachtet Gelassene ihr Werk ist, müssen heute Fragen nach den geistig-kulturellen Voraussetzungen, nach ihren Exi-

1) Hager, K.: Der X. Parteitag und die Kulturpolitik. In: Ders. Beiträge zur Kulturpolitik, Berlin 1981, S. 219

stenzformen, nach ihrer realen Wirksamkeit und nach der Weise ihrer weiteren Entwicklung gestellt werden. Es geht hier um das Niveau eines für den Sozialismus typischen Massenprozesses, der zweifellos auch seine hervorragenden Einzelbeispiele hat. Mit Lenin können wir formulieren, wir schneiden "hier gerade die Frage der Kultur an, weil in diesen Dingen nur das als erreicht gelten darf, was in die Kultur, in das Alltagsleben, in die Gewohnheiten eingegangen ist". [1)]

Die Entwicklung der Mikroelektronik durch die Natur- und Technikwissenschaften stellt alte Fragen nach der Wissenschaftler- und Ingenieurpersönlichkeit auf neue Weise und schärfer. Die wissenschaftliche Spezialisierung schreitet voran, aber die Mikroelektronik erzwingt zu ihrer Erzeugung und Anwendung Wissenschaftsintegration. Mikroelektronik betrifft nicht nur die Technik, sondern das Arbeitsleben und gesellschaftliche Beziehungen. Mikroelektronik setzt die Persönlichkeit in eine Vielfalt von Informationen, in der sie sich bewegen können muß und die sie selbst mit anreichert. Es ergeben sich also viele Fragen, von denen hier wesentliche aufgeworfen werden, ohne sie alle erschöpfend beantworten zu können. Was ist im Sozialismus als geistig-kulturell "ausgewogene" Ingenieur- oder Wissenschaftlerpersönlichkeit zu verstehen? Ist eine solche überhaupt nötig und möglich oder reicht vielmehr ein geistig-kulturell ausgewogenes Kollektiv von Spezialisten samt integrativem Leiter aus? Tritt eigentlich die ganze Persönlichkeit in die <u>moderne</u> Ingenieurtätigkeit ein oder nur der "Spezialist"? Stellt die Mikroelektronik neue Anforderungen an die Persönlichkeit oder nur an Teile des Fachwissens? Wie weit darf man die Ingenieurpersönlichkeit geistig-kulturell "anreichern", ohne daß die Fähigkeit zum Spezialisten verlorengeht? Gibt es verschiedene Stile der Ingenieurtätigkeit als Erscheinungsformen der Kultur technikwissenschaftlichen Arbeitens? Gibt es eine spezifische geistige Kultur der Ingenieurtätigkeit? Wie sieht die innere Verbindung der Technikwissenschaften mit den Gesellschaftswissenschaften aus? Welchen Stellenwert haben die Gesellschaftswissenschaften bei der Meisterung der wissenschaftlich-technischen Revolution? Wie fließen sie hier ein, wie werden sie verändernd wirksam? Wie muß der Ingenieur mit seiner Ar-

1) Lenin, W.I.: Lieber weniger, aber besser, Werke, Bd. 33, S. 475

beit und seinen Erkenntnissen in der geistigen Kultur des Sozialismus repräsentiert sein? Welche Beziehungen bestehen zwischen Technikwissenschaft, Ingenieurtätigkeit und technischen Fortschritt einerseits sowie der Vielfalt und den Entdeckungen der Künste? Wie konstituieren die Wissenschaften unser Weltbild, sind die Technikwissenschaften richtig repräsentiert? Alle diese Fragen tangieren den Problemkreis des geistig-kulturellen Fortschritts oder treffen mitten hinein.
Wir möchten hier auf einige aktuelle Probleme sozialistischer Ingenieurtätigkeit und gesellschaftlicher Wirksamkeit eingehen.

Erstens kann der Ingenieur durch seine persönliche Tat und mit überzeugendem Wort viel zur Verbreitung der Erkenntnis beitragen, daß die Wissenschafts- und Technikentwicklung im Sozialismus die Menschheitskultur bereichert und damit auch ein Element des geistig-kulturellen Fortschritts ist. Neue technische Lösungen sind Zeugnis der Schöpferkraft des Menschen, seiner geistigen und materiellen Kultur. Sie erweitern unseren Horizont und fordern zugleich unser Schöpfertum aufs neue heraus. Die Beschleunigung des technischen Fortschritts ist zugleich auch mit der Vervollkommnung wertvoller menschlicher Eigenschaften wie Verantwortungsbewußtsein, Leistungswillen, Mut und Risikobereitschaft verbunden.

Zweitens schließt das natürlich auch ein, die neue Technik so zu gestalten, daß sie den wachsenden geistig-kulturellen Ansprüchen und Persönlichkeitsqualitäten der Werktätigen im Sozialismus gerecht wird. So ist eben bei der Entwicklung der Informationstechnik danach zu streben, die psychischen und physischen Wesensmerkmale des Menschen als Primat zu setzen und nicht etwa vom Menschen eine persönlichkeitsschädigende (geistig und körperlich) Anpassung an die Technik zu verlangen. Bei aller Respektierung realer technischer und ökonomischer Bedingungen, die dem manchmal noch entgegenwirken können, muß die Orientierung bleiben, den Dialog zwischen Mensch und "intelligenter" Maschine so zu gestalten, daß er der Entwicklung der Persönlichkeit dient.
Eine hohe Verantwortung trägt deshalb der Ingenieur mit seiner schöpferischen Tätigkeit dafür, daß die geistig-kulturellen Ansprüche der Menschen angeregt und befriedigt werden können. Die Ergebnisse seiner Arbeit sollen auch vermittelt über die Produk-

tion geistig-kulturell anregend wirken. Darum sind Erzeugnisse herzustellen, die nicht nur materielle, sondern gleichzeitig auch geistige Bedürfnisse befriedigen. Sowohl Konsumtions- als auch Produktionsmittel müssen so gestaltet werden, daß sie einem hohen geistigen Anspruchsniveau des Konsumenten als auch des Produzenten gerecht werden. Für die Gestaltung hochwertiger und ästhetisch anspruchsvoller Erzeugnisse ist die Zusammenarbeit des Ingenieurs mit dem industriellen Formgestalter daher eine unablässige Voraussetzung.

Drittens sollte der Ingenieur weltanschaulich dagegen Front machen, daß die Notwendigkeit der beschleunigten Wissenschafts- und Technikentwicklung ausschließlich und damit einseitig unter dem Gesichtspunkt des objektiven Zwanges, der Mühsal, der amusischen wissenschaftlichen Rationalität und der geistigen Strapazen verkündet wird. Auch wenn diese Momente stets das Hervorbringen und Durchsetzen neuer Technik begleiten werden, dürfen sie aber nicht die Schönheit, den geistige Reichtum und Kulturwert des technischen Schöpfertums in den Schatten stellen. Das ist auch insofern wichtig, als damit der Ingenieur noch mehr als bisher dazu beitragen kann, den Künstlern die Probleme des wissenschaftlich-technischen Fortschritts als interessante Gegenstände künstlerischen Schaffens zu erschließen. Uns scheint, daß wir hier noch längst nicht alle Möglichkeiten genutzt haben. Nicht zuletzt ist es aber für die Erziehung der Jugend äußerst wichtig, weil auch dadurch Interesse für die Technik und Liebe zum Ingenieurberuf geweckt werden können. Gelungene künstlerische Darstellungen vermögen viel dazu beizutragen, um - im besten Sinne des Wortes - das große und sicher auch romantische Abenteuer Technik für junge Menschen anziehend zu machen. Einzig und allein rationale Argumente reichen in den wenigsten Fällen aus, um Begeisterung für die moderne Technik auszulösen. Ebensowenig vermögen das natürlich Kunstwerke, in denen die Technik nur als Bedrohung, als entseelter Mechanismus oder als notwendiges Übel dargestellt wird.

Viertens gibt es noch viele Reserven zu erschließen, wenn es gilt, das breite Spektrum des geistig-kulturellen Lebens für die Entfaltung wissenschaftlich-technischen Schöpfertums wirksam zu machen. So vermögen zum Beispiel Kunsterlebnisse, Verstand und Gefühl in

Bewegung zu versetzen und zu schöpferischem Denken anzuregen. Kunsterlebnisse können den Blick weiten und schärfen, die Freude am Leben und Arbeiten in unserer sozialistischen Gesellschaft erhöhen und Wertmaßstäbe sozialistischen Verhaltens in der Auseinandersetzung mit der bürgerlichen Ideologie deutlicher hervortreten lassen. Ein reiches Geistes- und Kulturleben birgt viele Möglichkeiten, die Phantasie als unersetzliches Moment technikwissenschaftlicher Kreativität zu beflügeln, den Genuß am Denken und wissenschaftlichen Streiten entwickeln zu helfen und den uns anspornenden Problemreichtum des wissenschaftlich-technischen Fortschritts zu entdecken. Es leuchtet sicher jedem ein, daß hohe Ansprüche an die Wissenschaft und Technik nur in einem Klima geistig-kultureller Aufgeschlossenheit und Regsamkeit erfüllt werden können. Fachborniertheit, kulturelles Desinteresse, eng pragmatisches Denken und geistige Trägheit sind heute weniger denn je dazu angetan, den wissenschaftlich-technischen Fortschritt zu beschleunigen. Bereits bei der Ausbildung junger Ingenieure ist stärker die Denkweise herauszubilden, daß auch geistig-kulturelle Erkenntnisse und Erfahrungen, die über die unmittelbare Fachbezogenheit hinausreichen, für den künftigen Ingenieur als Denkanstöße und Horizonterweiterung nützlich sind und nicht als geistiger Ballast angesehen werden dürfen, wie das durchaus noch manchmal der Fall ist.

Fünftens sehen wir einen sehr bedeutenden Aspekt des stimulierenden Einflusses einer breiten geistigen und kulturellen Bildung auf das wissenschaftlich-technische Schöpfertum in dem Vertrautsein des Ingenieurs mit den Leistungen und Traditionen der Geistes- und Kulturgeschichte. Wer um die Geschichte der Wissenschaft, Technik und Kunst weiß, wird unsere sozialistische Gegenwart als Fortsetzer und Bewahrer des humanistischen und revolutionären Erbes tiefer begreifen und schätzen. Wer das wissenschaftlich-technische und künstlerische Ringen der bedeutenden Schöpfer in der Vergangenheit kennt, wird nicht nur manches Wertvolle an Denk- und Verhaltensweisen für sich entdecken, sondern auch das revolutionäre Wesen unserer Arbeit in der Gegenwart besser erfassen. Gerade die Geschichte der Technik ist unermeßlich reich an immer noch viel zu wenig erschlossenen geistigen Reichtümern und schöpferischen Persönlichkeiten. Erfreulicherweise wurden die Forschungen zur Geschichte der Technikwissenschaften und Technik an der TU Dresden, der TH Karl-Marx-Stadt und anderen Einrichtungen in den letzten Jahren wesentlich aktiviert. In fruchtbarer interdisziplinärer Zusammenarbeit von Historikern und Technikwissenschaftlern werden die wissenschaftlich-technischen Leistungen der Vergangenheit mehr und mehr zugänglich und vor allem den künftigen Ingenieuren nahegebracht. Das trägt, wie die Erfahrungen zeigen, nicht wenig dazu bei, die Verbundenheit mit dem Beruf zu festigen und den Berufsstolz zu entwickeln. Und schließlich wird das auch den Literatur-, Film- und Fernschaffenden mehr anregenden historischen Stoff geben, um vielleicht ähnlich, wie das mit berühmten Ärzten der Charité geschieht, bedeutende Ingenieure in ihrem Leben und Wirken zu würdigen. Daß dies auch für den Ingenieurberuf werben könnte, sei nicht nur am Rande vermerkt.

Sechstens übt eine geistig-kulturelle Atmosphäre im Arbeitsbereich, am Arbeitsplatz und im Arbeitskollektiv auf Leistungsstreben und Leistungsbereitschaft großen Einfluß aus, die sich durch anregende, freimütige und parteiliche Diskussion über politische, ideologische und fachliche Fragen, durch intellektuelle Aufgeschlossenheit, Offenheit, Förderung konstruktiver Kritik und Feinfühligkeit, aber auch durch Disziplin, Ordnung und Sauberkeit auszeichnet. Diese Faktoren sind von unmittelbarem Einfluß auf unsere geistige Produktivität. Hier schlummern noch so manche Reserven, die in der Regel ohne einen Pfennig an Investitionen geweckt werden können. Dabei kommt der Beschäftigung mit der Kunst eine besondere Bedeutung zu. Kunst hat ja die spezifische Eigenschaft, sich an den ganzen Menschen zu wenden, unsere Ideale und unser Wissen, unser Gefühlsleben, unseren Sinn für Schönheit, die Freude am Leben und die Fähigkeit zum Genießen zu bereichern. Insofern ist die Beschäftigung mit der Kunst eine notwendige Ergänzung zur wissenschaftlich-technischen Arbeit. Anteil daran haben alle Genres der Kunst, es gibt hier keine Rangordnung hinsichtlich ihrer Bedeutsamkeit. Für jeden Ingenieur ist daher das Verständnis für den Wert und die Unentbehrlichkeit der Kunst ein Gewinn. Dabei ist zu beachten, daß nicht jeder alles schön finden muß, daß künstlerische Erlebnisse individuell sehr unterschiedliche Wirkungen auslösen können, daß sich die Liebe zur Kunst durchaus auf ein Gebiet oder wenige Genres beschränken kann und daß sich Interesse an der Kunst in unterschiedlichen Formen - bis hin zur aktiven Ausübung - zu äußern vermag. Schematismus, Gleichmacherei und eine dogmatische Gegenüberstellung von Kunst-"Produzenten" und -"Konsumenten" sind nicht am Platze, sie würden die Vielfalt und Wirksamkeit des geistig-kulturellen Lebens einschränken.

Es gehört zu den grundlegenden Merkmalen unserer Kultur, daß sie der Befriedigung der geistigen und kulturellen Bedürfnisse der Werktätigen in ihrer ganzen Breite und Vielfalt dient und zugleich dieses breite Bedürfnisspektrum weiter entfalten hilft. Hierbei entwickeln sich die technischen Bedingungen der Befriedigung geistig-kultureller Bedürfnisse mit den modernen Informationstechnologien revolutionär, und damit werden wir auch eine Erweiterung der geistig-kulturellen Bedürfnisse erleben. Alfred Kurella betonte, daß diese Entwicklung geistig-kultureller Bedürfnisse gelenkt werden muß und man kann wohl auch sagen, daß eine Lenkung gegen die "bis zur Barbarei und Verrohung führende Bedürfnislenkung in der monopolkapitalistischen Gesellschaft" nötig ist. "Kulturhistorisch betrachtet werden ... beim Menschen neue Bedürfnisse (von den rein animalischen abgesehen) stets durch neue Dinge und Dienste erzeugt, die von Menschen hergestellt oder angeboten werden, was immer eine 'Lenkung' bedeutet. Es kommt darauf an, welchen Charakter die so erzeugten Bedürfnisse haben. Und das hängt von der Qualität der angebotenen Dinge und Dienste ab, die nach der Erzeugung des Bedürfnisses seiner Befriedigung dienen. Diese Qualität wiederum wird bestimmt durch die verfolgte Absicht: Soll Profit erzeugt werden oder höhere menschliche Bildung? Beide Absichten bedienen sich jedoch des Grundvorgangs allen Kulturaufstiegs (oder -abstiegs!), daß es nämlich im Bereich des Menschen <u>neue Dinge</u> sind, die <u>neue Bedürfnisse</u> erzeugen."[1)] Durch die Ingenieurtätigkeit in ihrer Kooperation mit Natur- und Gesellschaftswissenschaften und durch die Vielfalt der Nutzungsmöglichkeiten vorhandener Technik wird die gesellschaftliche Bedürfnisentwicklung vorangebracht. Es ist wohl nicht übertrieben zu sagen, daß wir uns über diese Seite der Kulturwirksamkeit der Technik noch viel mehr praktikable Gedanken machen müssen. Das betrifft sowohl die Produktionstechnik, das technische Konsumgüterangebot, aber auch die Informationstechnik mit ihren durch Software erschlossenen und weiter zu erschließenden Nutzungsmöglichkeiten. Daß wir in einer Welt sich zuspitzender Klassenaus-

1) Kurella, A.: Der ganze Mensch, Berlin 1969, S. 68 f.

einandersetzung der kapitalistisch motivierten Bedürfnissteuerung auf materiellem und geistig-kulturellem Gebiet nicht restlos entgehen können, müssen wir in unserer kulturellen Strategie und Taktik natürlich berücksichtigen.

Ingenieurpersönlichkeit und rechnergestützte Arbeit

Nachdem es bisher der technische Fortschritt gestattete, vor allem die Arbeitsproduktivität in den materiell-gegenständlich produzierenden Bereichen beständig zu erhöhen, ist nun der historische und technische Entwicklungsstand erreicht, auf welchem die Produktivität der standardisierbaren geistigen Tätigkeit durch Automatisierung erhöht wird. Es geht um die Erhöhung der Produktivität geistiger Arbeit in Volkswirtschaft und Wissenschaft. Wir stehen hier in einem objektiven gesellschaftlichen Prozeß, der in beiden gegensätzlichen Gesellschaftssystemen verläuft, zu neuer Technik sowie Veränderung der Arbeit geführt hat und die Werktätigen vor neue Situationen stellt.

Im Imperialismus, das weisen alle Veröffentlichungen aus, wird die rechnergestützte Arbeit als ein neues Mittel der Verschärfung der Ausbeutung, der "Effektivierung" imperialistischer Beherrschung der Werktätigen, als soziale Bedrohung und Entwertung der Fähigkeiten, damit der sozialen Rolle der jeweiligen Persönlichkeiten empfunden. Von der überwiegenden Anzahl der Werktätigen im Imperialismus wird die Notwendigkeit der technischen Seite dieser Entwicklung und die Veränderung der Arbeit allgemein akzeptiert. Nicht akzeptiert wird der kapitalistische Mißbrauch dieser wissenschaftlich-technischen Entwicklung als "Kampfmittel" gegen die Werktätigen. Das ist im Sozialismus aus schon oben dargelegten Gründen nicht der Fall, aber rechnergestützte Arbeit wirft auch im Sozialismus für die betroffenen Berufsgruppen und die einzelnen Persönlichkeiten eine Vielzahl von Problemen auf. Man kann wohl sagen, daß viele Werktätige "betroffen" sind. Betroffen zum einen in dem Sinn, daß sie mit dieser neuen Technik - trotz langfristiger Vorbereitung - konfrontiert sind und sich erst schrittweise mit ihr "anfreunden" müssen. "Betroffen" insofern, als nicht alles an der neuen Technik verstanden wird und die informationstechnische Seite für viele der Nutzer eine "black-box" bleibt. "Betroffen" weiterhin in dem Sinne, daß Teile der mühsam und lange erworbenen Arbeitsfähigkeit im Computer verschwinden und man sein Monopol auf bestimmte Erfahrungen im Rahmen des Arbeitskollektivs verloren hat. "Betroffen" letztlich auch in dem Sinne, als einem der Computer in der eigenen Arbeit sozusagen "an die Hand nimmt", Lösungen anbietet und unter permanenten Entscheidungszwang setzt.

Das sind reale Prozesse, die in vielen Bereichen der Rationalisierung und Technisierung geistiger Arbeit stehen, auch und nicht zuletzt in der Ingenieurtätigkeit.
Die Ingenieure sind die erste Gruppe der Intelligenz, deren Arbeit einer groß angelegten Automatisierung unterworfen wird. Man kann vielleicht vom Übergang aus der "Manufakturperiode" der Ingenieurarbeit zu ihrer "Industrialisierung" sprechen. Es wird eingeschätzt, daß 80% der Ingenieurtätigkeit aus Routinetätigkeiten besteht, von denen ein ganzer Teil schon standardisiert ist. Der Erwerb der Fähigkeit, diese Routinetätigkeiten eben als Routinetätigkeiten vollziehen zu können, dauerte in der Regel mehrere Jahre und ist ein Teil der Berufserfahrungen des Ingenieurs. Geistige Routinetätigkeit zeichnen sich immer durch vier Teile aus:

1. Auswahl bzw. Gewinnung der wesentlichen Anfangsinformationen;
2. die spezifisch geregelte Verarbeitung der Informationen;
3. die Überprüfung der Ergebnisse und
4. die Weitergabe der Informationen bzw. die eigene weitere Verarbeitung derselben.

Nunmehr werden immer mehr solcher Routinetätigkeiten, einschließlich der gezielten Informationsgewinnung, an die "intelligente Maschine" delegiert. Der Ingenieur, der ja generell als Gegenstand seiner Arbeit Technik, Technologie, Organisation und Mensch-Maschine-Beziehungen hat, wird nun selbst in seiner Arbeit in eine qualitativ neue Mensch-Maschine-Beziehung gestellt.
Nach bisherigen Erfahrungen gilt damit eine Erhöhung der Arbeitsproduktivität des Konstrukteurs bis 400 - 500% (bei CAD-CAM-System) als erreichbar. Es ist klar, daß dieser technische und ökonomische Fortschrittseffekt und diese Zeitökonomie einen Zwang zur beschleunigten Einführung rechnergestützter Konstrukteurs- und Technologenarbeitsplätze setzt. Diesem objektiven Zwang ist mit entsprechender technikwissenschaftlicher Arbeit nachzukommen. Hier sind die Persönlichkeiten gefragt. Von ihnen hängen Tempo, Umfang und auch Inhalt der technischen und organisatorischen Einführung dieser neuen Qualität von Ingenieurarbeit ab.

Beschleunigende Faktoren bei der Einführung rechnergestützter Konstruktion und Fertigung[1] liegen - neben der Bereitstellung informationstechnischer Mittel - vor allem in der spezifischen Ausgestaltung des gesellschaftlichen Bewußtseins der Ingenieure. Aus dem durch marxistisch-leninistische Weltanschauung begründeten Bewußtseins heraus, daß der wissenschaftlich-technische Fortschritt im Sozialismus letztlich allen Werktätigen zugute kommt und wir gegen den Imperialismus unsere wirtschaftliche Leistungskraft entscheidend stärken müssen, erwächst die Bereitschaft, auch neue Technologien in der Ingenieurarbeit zu nutzen. Durch computergestützte Konstruktion und Fertigung gewinnen die Betriebe einen höheren Grad an Flexibilität und Reaktionsfähigkeit auf sich wandelnde Marktbedürfnisse und die Fähigkeit, recht individuelle Kundenwünsche schnell zu befriedigen. Flexible Automatisierung der Fertigung ist nur sinnvoll, wenn entweder eine Vielzahl kleiner Losgrößen produziert werden muß oder auf sich wandelnde Marktanforderungen vermittels flexibel automatisierter Konstruktion reagiert werden kann. Jeder Ingenieur, dem volkswirtschaftliche und betriebliche Ergebnisse am Herzen liegen, wird die flexible Automatisierung in Konstruktion, Technologie, Fertigung, Qualitätssicherung und auch betrieblicher Organisation mit vorantreiben. Des weiteren ist die Einführung der rechnergestützten Arbeit ein technikwissenschaftliches Bewährungsfeld, d.h. auch ein Bewährungsfeld der Ingenieurpersönlichkeit. Die Fähigkeiten und das technikwissenschaftliche Wissen, das in den Computer hinein soll, müssen aufbereitet werden. Durch den seit jeher hohen Standardisierungsgrad technikwissenschaftlicher Erkenntnisse und Bewertungsmaßstäbe ist die Ingenieurarbeit für Automatisierung prädestiniert. Aber in den Computer muß ja auch ein großer Teil des technischen Verständnisses und ein Vorrat bester Lösungen hinein. Es sind optimale Algorithmen der Zeichnungserstellung, Berechnungsverfahren für Material- und Dimensionen zu erarbeiten, und es muß der Raum für Erfindungen bleiben. Rechnergestützte Konstruktion soll ja nicht ein Mittel der Stagnation des technischen Fortschritts sein, sondern auch ein Mittel der Innovation. Reizvoll muß es für jeden Ingenieur sein, die Möglichkeiten der Wissenschaftsintegration sowohl für die Einführung computergestützter Konstruktion zu nutzen, als auch für das Ausfüllen des kreativen Raumes, der ja nun gewonnen worden ist. Diesen Raum auszufüllen,

1) Siehe: CAD/CAM, In: Technische Gemeinschaft. 10/1982, S. 45-48

wird ein neues Feld technikwissenschaftlichen Fortschritts und der Bewährung jeder Ingenieurpersönlichkeit sein.
Wir wollen nicht verhehlen, daß es eine ganze Reihe ernsthafter Probleme bei der Einführung rechnergestützter Konstruktion geben kann, geben muß, die die Persönlichkeiten betreffen.
Nicht jeder technische Fortschritt ist jedem willkommen. Durch die Softwareerstellung und Programmierung des Computers gibt der Ingenieur Erfahrung und Erkenntnis ab. Er gibt diese gleichsam in eine technikwissenschaftliche Öffentlichkeit oder doch zumindest einem Kollektiv zur freien Nutzung. Vermag er diese neuen Arbeitsmöglichkeiten mit dem Computer nicht so gut zu nutzen, wie der bisher unerfahrenere, jüngere Kollege, so kann er im Kollektiv in der sozialen Rangfolge abrutschen und sich eventuell zur Überflüssigkeit bringen.
Es steht aus den bisherigen Erfahrungen mit computergestützten Arbeitsplätzen fest, daß die zeitliche Verdichtung der sonst über einen großen Zeitraum verteilten Entscheidungen und Kontrollen im Konstruktionsprozeß den Ingenieur psychisch außerordentlich stark beansprucht. Die Wertschätzung kreativer Arbeit hält sich nur, so lange sie in insgesamt ausgeglichene Arbeitstätigkeiten eingebunden ist und eine freie Dispositionsfähigkeit besteht. Nur kreativ sein zu müssen kann zu einer ebensolchen Qual werden, wie eine reine Beobachtungstätigkeit oder eine repetive körperliche Arbeit mit kurzer Taktzeit!
Das Leistungsspektrum der Stützung des Konstruierens durch den Computer umfaßt die Herstellung und Modifizierung von Zeichnungen, die Erstellung von Stücklisten, die Optimierung von Entwürfen, die Simulation von Wirkungen bestimmter konstruktiver Problemlösungen, statistische und dynamische Festigkeitsberechnungen und viele andere konstruktionsorientierte Berechnungsverfahren. Der Nutzer der Anlage ist in der Regel nicht der Softwareproduzent und durchschaut also auch nicht den Computer in seiner Leistungsfähigkeit. Es kann also ohne weiteres Gefühle des Ausgeliefertseins, des Nicht-Durchsehens und der Scheu vor dieser Arbeit geben. Es gibt hier eine zum Auto ähnliche Situation. Erst etwa nach 1910 war zum Führen eines Autos nicht mehr Ingenieurniveau nötig, um das Gefährt zu beherrschen und die Angst zu verlieren. Auch mit dem Computer muß man erst arbeiten lernen. Jemand, der in seiner Ausbildung damit vertraut gemacht wurde, hat es hier leichter als jemand, der in höherem Lebensalter mit dieser Technik zu arbeiten gezwungen ist.

Ein weiterer Effekt rechnergestützter Konstruktion und Fertigung kann sein, daß durch die Verstärkung technisch-informationeller Beziehungen die sozial-kommunikativen Beziehungen reduziert werden, sowohl im Ingenieurkollektiv als auch zu den Kollegen in der Fertigung. Das kann dazu führen, daß eine hohe Fluktuationsrate entsteht oder sich die Unzufriedenheit über die Reduzierung sozialer Kontakte in der Arbeit auf andere Weise zeigt. Wirkliche Kollektivität ist aber nötig, da ja mit der gemeinsamen Konstruktionsaufgabe mehrere Kollegen am Computer hängen und ein gemeinsames Werk vollbringen müssen. Außerdem vermag geistige Arbeit, deren Ergebnis im Computer verschwindet, auf die Dauer nicht zu befriedigen. So ist der Gang in die Fertigung und das Erleben des Produktes für berufliche Zufriedenheit nötig.
Fördernd bei der Entwicklung rechnergestützter Konstruktion und Fertigung wird sich sicher auswirken, wenn die zukünftigen Möglichkeiten und Aufgaben umrissen werden und die Anforderungen als reizvolle Aussichten für die Ingenieurpersönlichkeit erscheinen. Der Computer ist das universellste Werkzeug, das je entwickelt wurde. Diese Universalität zu erschließen, ist eine historische Aufgabe von Dauer. Es ist aber dabei nicht nur die Universalität des Computers zu erschließen, sondern auch Universalität der Ingenieurtätigkeit.
Das computergestützte Konstruieren fordert von uns ein exakteres Bestimmen der gesellschaftlichen Aufgabenstellung. Wenn mit Zielsicherheit und hoher Intensität mit dem "intelligenten Werkzeug" gearbeitet werden muß, so muß Klarheit über Aufgabe, Weg, Ergebnis und seine Kriterien vorhanden sein. Geht der Datenfluß gleich in die Fertigung, so muß das Ergebnis des konstruktiven Prozesses in jeder Hinsicht stimmen, technisch, ökonomisch und sozial im weitesten Sinne. Die Verantwortung der Konstrukteure und ihrer Partner in der Vorphase der Konstruktion erhöht sich. Das bedeutet, der Ingenieur muß einen größeren Umfang an Erkenntnis und gesellschaftlichem Überblick bei der Bestimmung und Präzisierung der Aufgaben aktivieren. Das wird Impulse zu einem höheren Umfang gesellschaftswissenschaftlicher und auch wissenschaftstheoretischer Qualifizierung setzen. Für diese sind in dem letzten Jahrzehnt durch Philosophie und Gesellschaftswissenschaften Grundlagen erarbeitet worden, die jetzt mehr und mehr als Weiterbildungs-

angebot für Ingenieure wirksam werden.[1)] Auch Studenten technikwissenschaftlicher Disziplinen werden schon seit einigen Jahren im Spezialkurs des marxistisch-leninistischen Grundlagenstudiums mit diesen Problemen vertraut gemacht.
Das konstruktive Vorgehen war schon in der Bestimmung der konstruktiven Aufgabenstellung ein Ringen um die technisch und ökonomisch beste, aber auch realisierbare Lösung. Technikwissenschaftliches Denken vollzog sich immer als variables Handhaben technischer Verstellungsinhalte, die aufgaben- und problemlösungsbezogen optimiert wurden. Durch Bildschirmtechnik und rechnerische Prüfverfahren kommt dem Denken in Varianten und dem Suchen nach Alternativen eine größere Rolle zu.
Varianten liegen immer dann vor, wenn gleiche technische Lösungen (Strukturen und Funktionen) in unterschiedlicher Strukturiertheit oder Intensität der Eigenschaften auftreten (können). In der technikwissenschaftlichen Entwicklungsarbeit kommt es darauf an, die möglichen Varianten des angestrebten technischen Systems herauszuarbeiten, zu bewerten und sich für die optimale Variante zu entscheiden. In diese Bewertung gehen die Momente ein, die bei der Bestimmung der Aufgabenstellung gewonnen worden sind. Problematischer ist es mit den Alternativen der technischen Entwicklung.
Alternativen liegen immer dann vor, wenn gleichzeitig oder im historischen Nacheinander unterschiedliche technische Qualitäten zur Befriedigung technischer Bedürfnisse der Gesellschaft auftreten (können). Mit dem Rechner können wir die noch zu bauende oder auch nicht zu bauende Technik in ihren wesentlichen naturwissenschaftlich-technischen Parametern simulieren. Der Computer vermag uns aber nur bei der Prüfung von Varianten und Alternativen zu helfen, wenn uns vorher welche eingefallen sind. Das An-

1) Vor allem auf Konferenzen in Dresden, Karl-Marx-Stadt und Köthen sind philosophische und wissenschaftstheoretische Fragen der Technikwissenschaften intensiv behandelt worden. Siehe beispielsweise: Philosophische und historische Fragen der technischen Wissenschaften (Phil.-Hist. '78), TU Dresden 1979 (4 Bände); Entwicklungsprobleme der Technikwissenschaften in erkenntnistheoretischer und methodologischer Sicht, TH Karl-Marx-Stadt 1979; Sozialismus und Technologie, Köthen 1980; Gesellschaftswissenschaftliche Probleme der automatischen bedienarmen Produktion, der Robotertechnik und der Mikroelektronik, TH Karl-Marx-Stadt 1982. Die Bearbeitung der philosophischen Probleme der Technikwissenschaften wird mit der Phil.-Hist.'83 in Dresden und der Konferenz "Technikwissenschaften-Automatisierung-Persönlichkeit" in Karl-Marx-Stadt 1983 sichtbar fortgesetzt.

gebot des Computers wird immer nur den bekannten Stand betreffen, den neuen Stand müssen wir erarbeiten. Sicher kann der Computer durch das Vorspielen vorhandener Lösungsangebote das eigene technikwissenschaftliche Denken anregen. Das Streben nach dem Neuen, ohne die wissenschaftlichen Fundamente und den Kreis des Möglichen zu verlassen, ist heute eine erstrangige Aufgabe der Erziehung und Selbsterziehung. Es ist eben nicht so, daß es nur eine ideale Lösung gibt, sondern er gibt immer nur zeitweilig ideale Lösungen. Der technische Fortschritt ist immer auch Fortschritt in der neuen Lösung alter Probleme. Damit muß als ein heutiger Anspruch an das technikwissenschaftliche Denken die historische Betrachtungsweise genannt werden. Historisch bedeutet hier, daß kürzere und längere Zeitverläufe technischer Entwicklungen in den Dimensionen von Vergangenheit, Gegenwart und Zukunft erfaßt werden und dies zu einer Grundlage der eigenen technikwissenschaftlichen Arbeit gemacht wird.
Die Nutzung der Möglichkeiten des Computers und die Nutzung der geistigen Möglichkeiten des Ingenieurs verlangt Bewußtsein über die zu vollziehende Arbeitsteilung. Das bedeutet, daß jeder Ingenieur seine individuelle wissenschaftliche Arbeitsorganisation geistig reflektieren muß, um als überlegener Partner an die "künstliche Intelligenz" des Computers heranzutreten. Zum anderen muß er sich der Unterschiede menschlicher und künstlicher Intelligenz bewußt sein; Möglichkeiten und Grenzen des Computers sind in der Arbeit zu berücksichtigen. Die Fähigkeiten, die der Computer nicht hat und die die Ingenieurpersönlichkeit auszeichnen, müssen selbstbewußt qualifiziert werden. Erstens besitzt der Ingenieur sein gesellschaftliches und wissenschaftliches Wertesystem, er geht danach zielgerichtet und verantwortungsbewußt vor. Er lernt in dieser Richtung und bearbeitet Probleme. Der Computer besitzt keine gesellschaftlichen Probleme und ist insofern passiv. Zweitens erzeugt der Computer keine ideellen Abbilder der Realität, sondern nur vom Menschen zu interpretierende Zeichen. Was man von ihm will, muß man "computersicher" entsprechend seiner Arbeitsweise formalisiert eingeben. Drittens steht der Ingenieur in allen seinen Denk- und Lernprozessen in beständiger zielgerichteter Nutzung der vielfältigsten Informationsquellen. Er arbeitet nicht einen Algorithmus stur ab, sondern unterbricht den Problembearbeitungsprozeß häufig durch Informationsaufnahme. Davon hängt wieder die weitere Arbeit ab. Er vermag sich methodisch

neu zu orientieren. Viertens hat der Computer keine Steuerung durch Stimmungen und Gefühle, die aber die geistige Tätigkeit beeinflussen und auch in ihr erfahrbar sind. Fünftens ist der Computer dem Menschen überlegen, insofern er eine Reihe gedanklicher Operationen schneller und exakter ausführen kann. Diese Möglichkeiten sind vom Ingenieur immer mehr zu erschließen und auszunutzen.

Wenn diese Unterschiede von natürlicher und künstlicher Intelligenz als bekannt in der Ingenieurtätigkeit zugrundegelegt sind, so ist es mit all der "Furcht" vor dem Computer vorbei und Gedanken von einer "Herrschaft der Computer" bleiben im Reich der Science fiction oder der bürgerlichen Sozialutopie. Der Computer ist eben nur eine Maschine zur Bewältigung von Teilen geistiger Arbeit, die den Menschen vertretende Steuerung materieller Prozesse bzw. der Signalverarbeitung in materiellen Systemen, um dort ablaufende Prozesse optimal zu steuern. Insofern wird in einem längeren historischen Prozeß die Nutzung des Computers für vielfältige menschliche Aufgaben zur Alltäglichkeit. Die Ingenieure und Technikwissenschaftler haben die Aufgabe, alle auf diese Alltäglichkeit schrittweise vorzubereiten, heute vor allem die Werktätigen in der materiellen Produktion, der Rechnungsführung und Textverarbeitung.

Literatur

Adler, F.: Aktuelle Tendenzen in der Diskussion um die "Humanisierung der Arbeit" in der BRD, in: Schriftenreihe der Akademie für Gesellschaftswissenschaften beim Zentralkomitee der Sozialistischen Einheitspartei Deutschlands, Reihe A, Heft 34

Auth, J.: Physik und Elektronik, in: Spektrum, Heft 7/82

Autorenkollektiv: Industrieroboter, VEB Verlag Technik, Berlin 1981

Autorenkollektiv: Zur materiell-technischen Basis in der DDR, Dietz-Verlag, Berlin 1979

Briefs, U.: Arbeiten ohne Sinn und Perspektive? Gewerkschaften und "Neue Technologien", Köln 1980

Cooley, M.: Produkte für das Leben statt Waffen für den Tod. Arbeitnehmerstrategien für eine andere Produktion, Reinbeck 1982

Dietrich, D.: Mensch und Technologie, Berlin 1980

Engels, F./Marx, K.: Die heilige Familie, MEW, Bd. 2, Berlin 1958

Engels, F.: Ludwig Feuerbach und der Ausgang der klassischen deutschen Philosophie, MEW, Bd. 21, Berlin 1966

Friedrich, J.; Wicke, F.; Wicke, W.: Computereinsatz: Auswirkungen auf die Arbeit, Reihe: Humane Arbeit - Leitfaden für Arbeitnehmer Nr. 3, Reinbeck bei Hamburg 1982

Friedrichs, G.: Soziale und wirtschaftliche Aspekte bei Verwendung von Industrierobotern, in: Rationalisierung, Heft 9/1973

Friedrichs, G.; Schaff, A. (Hrsg.): Auf Gedeih und Verderb. Mikroelektronik und Gesellschaft. Bericht an den Club of Rome, Wien - München - Zürich 1982

Hager, K.: Beiträge zur Kulturpolitik, Berlin 1981

Hager, K.: Wie Kultur den Frieden, so braucht Frieden die Kultur. In: Neues Deutschland, 23./24. Oktober 1982

Haustein, H.-D., Maier, H.: Flexible Automatisierung - Kernprozeß der revolutionären Veränderungen der Produktivkräfte in den achtziger und neunziger Jahren, in: Wirtschaftswissenschaft, Heft 5/1982

Herlitzius, E.: Einheitliche Beherrschbarkeit, natürlicher, technischer und sozialer Prozesse des wissenschaftlich-technischen Fortschritts, in: Informationsbulletin "Aus dem philosophischen Leben der DDR, Jahrg. 17 (1981), H. 9

Honecker, E.: Bericht des Zentralkomitees der Sozialistischen Einheitspartei Deutschlands an den X. Parteitag der SED, Berlin 1981

Hund, J. (Hrsg.): Unterm Rad des Fortschritts? Technik, Umwelt, Gesellschaft, Köln 1981

IMSF (Hrsg.): Technik - Umwelt - Zukunft. Eine marxistische Diskussion über Technologie-Entwicklung, Ökologie, Wachstumsgrenzen und die "Grünen", Reihe: Marxismus aktuell 147, Frankfurt/M. 1980

Interview mit Warnecke, H.J.: Metall. Heft 4/1978

Kapitalistische Rationalisierung: Die Auswirkungen auf die Werktätigen, in: Probleme des Friedens und des Sozialismus, Heft 6/1979

Kochan, D.: Anwendung der Mikroelektronik in den produktionsvorbereitenden Bereichen in: Nachrichtentechnik - Elektronik, Heft 10/1982

Konferenzmaterial: Entwicklungsprobleme der Technikwissenschaften in erkenntnistheoretischer und methodologischer Sicht, Technische Hochschule Karl-Marx-Stadt 1979

Konferenzmaterial: Philosophische Probleme des Theorie-Praxis-Verhältnisses in der Entwicklung der Technikwissenschaften, Technische Hochschule Karl-Marx-Stadt, Tagungsberichte 1981

Konferenzmaterial: Gesellschaftswissenschaftliche Probleme der automatischen bedienarmen Produktion, der Robotertechnik und der Mikroelektronik, Technische Hochschule Karl-Marx-Stadt 1982

Konferenzmaterial: Philosophische und historische Fragen der technischen Wissenschaften (Phil.-Hist. '78), TU Dresden 1979 (4 Bände)

Konferenzmaterial: Sozialismus und Technologie, Köthen 1980

Kurella, A.: Der ganze Mensch, Berlin 1969

Lenin, W.I.: Lieber weniger, aber besser, Werke, Bd. 33, Berlin 1962

Lenin, W.I.: Zur sogenannten Frage der Märkte, Werke Bd. 1, Berlin 1968

Mack, M.: Zunehmende Monopolisierung von Innovationsprozessen in der Mikroelektronik, in: IPW-Berichte 10/82

Marx, K.: Das Kapital, Bd. 1, MEW, Bd. 23, Berlin 1966

Marx, K.: Das Kapital, Bd. 3, MEW, Bd. 25, Berlin 1964

Marx, K.: Grundrisse der Kritik der politischen Ökonomie. Berlin 1953

Marx/Engels: Manifest der Kommunistischen Partei, MEW, Bd. 4, Berlin 1964

Nick, H.: Fortschritt der Technik und ideologischer Kampf, in: Neues Deutschland, 30./31. Oktober 1982

Nick, H.: Ökonomische und ideologische Erfordernisse effektiver Grundfondsreproduktion, in: Einheit, Heft 10/82

Pawloff, M.: Der Einfluß des wissenschaftlich-technischen Fortschritts auf den Inhalt und die Bedingungen der sozialistischen Arbeit. Schriftenreihe der Akademie für Gesellschaftswissenschaften beim ZK der SED, Reihe A, Heft 13

Programm der SED, Berlin 1975

Rapp, F.: Analytische Technikphilosophie, Freiburg - München 1978

Rapp, F.: Sachzwänge und Wertentscheidungen, in: G. Ropohl und andere: Maßstäbe der Technikbewertung, Düsseldorf 1978

Röhlke, G.: Die Verantwortungen der Ingenieure ändern sich, VDI-Nachrichten Nr. 44 / 30. Oktober 1981

Scheler, W.: Wissenschaft - Technik - Ökonomie, in: Einheit, Heft 1/1981

Scheler, W.: Zu ausgewählten Aufgaben der Naturwissenschaften und Mathematik bei der weiteren Beschleunigung des wissenschaftlich-technischen Fortschritts, in: Wiss. Zeitschrift der TH Karl-Marx-Stadt, Heft 3, 1982

Schellenberger, G./Ullmann, A.: Soziale Effekte beim Einsatz der Industrierobotertechnik, in: Gesellschaftliche Probleme der automatischen bedienarmen Produktion, der Robotertechnik und der Mikroelektronik, Karl-Marx-Stadt 1982

Schwarz, W.; Meyer, G.; Eckhardt, D.: Mikrorechner, Berlin 1980

Sonnemann, R.: Automatisierung - Kernprozeß der wissenschaftlich-technischen Revolution. Wesen und Ursprung, in: Wissenschaftlich-technische Revolution - Sozialismus - Ideologie, Teil 1, TU Dresden, 1974

Spengler, O.: Der Mensch und die Technik, München 1931

Striebing, L.; Schild, H.: Soziale und kognitive Aspekte des ingenieurwissenschaftlichen Erkenntnis- und Schaffensprozesses (Thesen), in: Informationsbulletin "Aus dem philosophischen Leben der DDR", Heft 9/1981

Striebing, L.: Wissenschaftlich-technischer und sozialer Fortschritt, in: DZfPh, Heft 10/1979

Technologie und Politik 19. Schöne elektronische Welt. Computer-Technik der totalen Kontrolle. Herausgegeben und zusammengestellt von Norbert Müllert, Reinbeck bei Hamburg 1982

Topow, J.: Roboter als Helfer der Menschen, in: Sowjetwissenschaft, Gesellschaftswissenschaftliche Beiträge, Heft 4/1980

Ullrich, O.: Technik und Herrschaft. Vom Hand-Werk zur verdinglichten Blockstruktur industrieller Produktion, Frankfurt/M. 1977

Weber, H.: Probleme der automatisierten wartungsarmen Produktion, in: Aus der Arbeit von Plenum und Klassen der AdW der RRD, Berlin 1982

Weiß, R.: Kapitalistischer Industrieroboterbau im Prozeß rascher Monopolisierung, in: IPW-Berichte 11/82

Sachverzeichnis

Shoichi Sakata / Mituo Taketani

Philosophische und methodologische Probleme der Physik

Übersetzung aus dem Englischen
In deutscher Sprache herausgegeben von Dieter Müller und Roland Reif

(Wissenschaftliche Taschenbücher, Reihe Texte und Studien)
1982. 204 Seiten - 1 Tabelle - 10,7 x 17,7 cm - 12,50 M
Bestell-Nr. 762 424 0
Bestellwort: Sakata/Taketani 7221

Die Autoren

- erläutern den Einfluß der materialistischen Naturdialektik auf die Entwicklung der theoretischen Physik in Japan

- analysieren philosophische Probleme der Quantenmechanik, der Kern- und Elementarteilchenphysik

- wenden sich an Physiker, Philosophen und alle an philosophischen Fragen der Naturwissenschaft Interessierten

Bitte richten Sie Ihre Bestellungen an eine Buchhandlung.

AKADEMIE-VERLAG
DDR-1086 Berlin, Leipziger Straße 3-4

Die Autoren

- greifen aktuelle weltanschauliche, soziale und wissenschaftstheoretische Probleme auf, die mit Entwicklung und Einsatz der Mikroelektronik, der Automatisierungs- und Robotertechnik verbunden sind

- wenden sich an einen breiten Kreis von Lesern, besonders an Technikwissenschaftler, Ingenieure, Naturwissenschaftler und Ökonomen, die mit der Anwendung der Mikroelektronik unmittelbar befaßt sind

- verfolgen zugleich die Absicht, Propagandisten und Pädagogen einen Überblick über gegenwärtige Probleme der gesellschaftlichen Bewältigung der Mikroelektronik zu geben, welche die Werktätigen zunehmend bewegen und die sie in unterschiedlichsten Arbeitsbereichen zu lösen haben

- zeigen die gegensätzlichen gesellschaftlichen Entwicklungs- und Wirkungsbedingungen der Mikroelektronik in Sozialismus und Kapitalismus

FSC
www.fsc.org
MIX
Papier | Fördert gute Waldnutzung
FSC® C083411

Zeitfracht Medien GmbH
Ferdinand-Jühlke-Straße 7
99095 Erfurt, Deutschland
produktsicherheit@kolibri360.de